大受欢迎的龙虾

雌龙虾

雄龙虾

挑选的亲虾

刚刚抱卵的虾

可清楚的看到小幼虾

挑选好的虾种

大规格虾种

虾种在放养前要集中处理

标准龙虾养殖池

连片池塘养龙虾，中间
要有更多的梗

池塘养龙虾，沉水草和
挺水草都要有

池塘养龙虾水草覆盖率最好
达三分之一以上

菱角塘也可以养龙虾

标准稻田养虾

稻田改造是必须

稻田养殖小龙虾

伊乐藻已经栽种好

网箱养殖龙虾

水草为小龙虾提供攀爬
附着的场所

正在载草

水花生是好的水草资源

水葫芦是龙虾喜欢的地方

培育龙虾的池塘和水草

冬季可用水花生保种

投放的螺蛳

颗粒饲料

定点喂投在网格内，既便于查看，又便于清洁

龙虾喜欢在潜水处觅食

刚打不久的洞

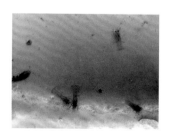

三次蜕皮的虾

地笼捕捞

水产致富技术丛书

SHUICHAN ZHIFU JISHU CONGSHU

小龙虾

高效养殖技术

占家智　羊　茜　编著

化学工业出版社

·北京·

本书基于作者常年基层技术指导经验编著而成，简化小龙虾基础理论，重点解决生产实际中的问题，根据我国不同地区优势，有针对性地对成熟的、各种高效益养殖方式进行重点阐述，比如池塘养殖、湖泊养殖、沼泽地养殖、沟渠养殖、林间建渠养殖、庭院养殖、稻田养殖、网箱养殖、大水面增殖、混养等。内容涉及小龙虾的苗种培育、成虾养殖、饵料投喂、疾病防治、运输，还有相关水草栽培和小龙虾的饮食文化等方面，内容全面实用，可操作性强，是广大渔农的必备参考。

图书在版编目(CIP)数据

小龙虾高效养殖技术/占家智，羊茜编著. —北京：化学工业出版社，2012.1 (2019.11 重印)

（水产致富技术丛书）

ISBN 978-7-122-13163-8

Ⅰ.小… Ⅱ.①占…②羊… Ⅲ.龙虾科-淡水养殖 Ⅳ.S966.12

中国版本图书馆 CIP 数据核字（2011）第 277551 号

责任编辑：李　丽　　　　　　　文字编辑：焦欣渝
责任校对：宋　玮　　　　　　　装帧设计：杨　北

出版发行：化学工业出版社（北京市东城区青年湖南街 13 号　邮政编码 100011）
印　　装：大厂聚鑫印刷有限责任公司
850mm×1168mm　1/32　印张 7　彩插 2　字数 141 千字
2019 年 11 月北京第 1 版第 12 次印刷

购书咨询：010-64518888　　　　　　售后服务：010-64518899
网　　址：http://www.cip.com.cn
凡购买本书，如有缺损质量问题，本社销售中心负责调换。

定　　价：23.00 元　　　　　　　　　　　版权所有　违者必究

前　言

　　小龙虾的肉质细嫩、营养丰富、味道鲜美，在市场上备受消费者青睐，目前已经成为我国大江南北优良的淡水养殖新品种，也是近年来最热门的养殖品种之一。

　　随着人们对小龙虾饮食文化和深加工的不断开发，尤其是以江苏盱眙一年一度的国际小龙虾节为代表，将小龙虾引入千家万户，与之相对应的是，野生的小龙虾资源正日益减少，市场价格不断攀升，因此人工养殖的前景非常广阔，许多省市都先后把小龙虾养殖作为农民致富的重要手段而加以推广。

　　本书正是在这个大背景下由相关专业技术人员编写而成，本书的一个重要特点就是简化对小龙虾的理论基础的探讨，重点解决在生产实际中的问题，主要内容是根据我国不同地区优势，有针对性地提出各种养殖方式，内容涉及小龙虾的苗种培育、成虾养殖、饵料投喂、疾病防治和小龙虾的饮食文化等方面。

　　由于作者的水平和能力有限，不当之处，恳请读者朋友予以批评指正！

编著者

2012 年 2 月

目　　录

第一章 概 述

第一节 小龙虾的概况

一、小龙虾的来源

小龙虾学名叫克氏原螯虾（*Procambarus clarkii*），又称龙虾、克氏螯虾、红色沼泽螯虾，具有虾的明显特征，它的外形酷似海中龙虾，所以被称为龙虾，又因它的个体比海中龙虾小而在生产和应用上被称为小龙虾。它是目前世界上分布最广、养殖产量最高的优良淡水螯虾品种。小龙虾原产于北美洲，美国路易斯安那州已经把小龙虾的养殖当作农业生产的主要组成部分，并把虾仁等小龙虾制品输送到世界各地。

二、小龙虾引入中国及发展历程

小龙虾并不是直接从美国传入我国，而是 1918 年先从美国引入日本，1929 年左右再从日本传入中国，先在江苏的南京、安徽的滁州、当涂一带生长繁殖。20 世纪 80 年代，我国水产专家开始关注小龙虾，华中农业大学的魏青山、张世萍、陈孝煊和吴志新等教授先后开始做这方面的基础研究，取得非常宝贵的第一手资料。到目前，小龙虾已经由"外来户"变为"本地居民"了，成为我国主要的甲壳类经济水生动物之一。到 2006 年，我国不仅成为世界小龙虾的生产大国，也成为世界小龙虾的出口大国和消费大国，小龙虾也成为我国新兴的水产主养品种之一。

由于小龙虾的繁殖速度快、迁移迅速、喜欢掘洞等特点，对农作物、鱼苗、池埂及农田水利有一定的破坏作用，在我国曾长期作为一种敌害生物来加以清除。后来经过不断的研究和生产实践表明，小龙虾的掘洞能力、攀缘能力及在陆地上的移动速度都远比中华绒螯蟹弱，只要养殖者加强管理，为小龙虾的生长营造合适的生态环境，小龙虾是可以作为一种优质水产资源加以利用的。

随着自然种群的扩展和人类养殖活动的增多，该虾现广泛分布于我国东北、华北、西北、西南、华东、华中、华南及台湾地区，形成可供利用的天然种群。

三、小龙虾的市场

一是食用市场火爆。小龙虾肉质鲜美，营养丰富，可食部分较多，达 40%，虾尾肉占体重的 15%～18%，是人们喜爱的一种水产食品，目前小龙虾销售市场前景广阔。世界上很多国家都有吃小龙虾的习惯，欧美国家和地区是小龙虾的主要消费地。在美国该虾不仅是重要的食用虾类，而且是垂钓的重要饵料，年消费量 6 万～8 万吨，自给能力不足 1/3。每年瑞典举行为期 3 周的龙虾节，进口小龙虾就达 5 万～10 万吨。在国内，小龙虾的食用已经风靡全国，被越来越多的消费者青睐，已成为城乡大部分家庭的家常菜肴，特别是在江苏、浙江、上海，小龙虾已经成了很多人餐桌上必不可少的一道美味。尤其以江苏省盱眙县每年举办的"龙虾节"更是闻名中外，让小龙虾的饮食文化走向世界，走向高端，从以前被人不屑一顾的大排档进入高档酒楼食肆场所，其代表作品是盱眙"十三香龙虾"。在武汉、南京、上海、常州、无锡、苏州、合肥等大中城市，小龙虾的年消费量都在万吨以上。根据调查，南京市一个晚上饭店、大排档的小龙虾销售量在2万千克左右。

二是保健市场广阔。小龙虾具有防止胆固醇在人体内蓄积的作用，是一种高蛋白、低脂肪的健康保健食品，经常食用小龙虾，具有补肾、壮阳、滋阴、健胃的功能。小龙虾比其他虾类含有更多的铁、钙和胡萝卜素，小龙虾虾壳和肉都对人体健康很有利，对多种疾病有疗效。

三是饲料原料市场需求旺盛。小龙虾在除去甲壳后，它的身体其他部分是许多鱼类和经济水产动物重要的饵料来源，十多年前的河蟹养殖都喜欢用小龙虾作为重要的饲料源，经加工后的废弃物也可作为饲养其他动物的饲料。

四是工业市场附加值高。小龙虾的工业价值不断被开发，根据资料表明，从小龙虾的甲壳中提取的虾青素、虾红素、甲壳素、几丁质、鞣酸及其衍生物被广泛应用于食品、工业、医药、饮料、造纸、印染、日用化工、农业和环保等方面，甲壳加工投资少、效益高。

五是出口创汇能力不断加强。以前，小龙虾出口创汇的价值主要是体现在虾仁部分，市场主要集中在欧盟、日本、美国、澳大利亚、东南亚地区等。现在又开发了虾黄、尾肉及整条虾出口。

四、小龙虾养殖优势分析

一是市场潜力大。无论是国内市场还是国际市场，无论是食用市场还是工业市场，小龙虾的市场需求量都非常大，这种紧张的市场供求关系，使小龙虾产业具有较高的经济效益和广阔的发展前景，养殖小龙虾的销路是不成任何问题的。发展小龙虾人工养殖不但可以解决市场供求矛盾，而且还开辟了一条农民致富的渠道。

二是养殖推广难度低。小龙虾对环境的适应性较强，病害少，耐低氧，既能在池塘中进行小水体高密度养殖，也可以在河沟、湖泊、稻田、沼泽地等多种水体中自然增殖，养殖技术简便，易于普及，饲料来源方便，易于筹备。另外，小龙虾养殖苗种易解决，可自繁、自育、自养，不需复杂的人工繁殖过程，相对来说养殖要求非常低。加上它是甲壳类水生动物，具有能较长时间离水或穴居的习性，对不良环境的耐受力非常强，运输方便，成活率高。所以，小龙虾的养殖推广难度较低，老百姓容易掌握它的养殖技术。

三是群众养殖热情高涨。从作者长期从事水产技术服务的情况来看，全国各地都有养殖小龙虾的成功案例，加上市场的追捧，现在群众的养殖热情高涨。例如安徽省滁州市广大渔（农）民对小龙虾养殖有着极大的热情，从2005 年推广稻田养殖千亩后，现在小龙虾养殖面积已迅速发展达 5 万亩❶，养殖模式也不断地发展，既可以虾稻连作、池塘单养，也可以鱼虾混养、河沟湖汉多渠道养

---

❶ 1 亩＝666.67 米²。

殖；既可以零星养殖，也适宜规模养殖经营，是农民致富的好项目。

四是农民增收快，示范效果好。根据调查，小龙虾池塘精养每亩产量在150千克左右，亩纯利润在2000元左右，比一般的池塘效益高；如果采用稻田养殖小龙虾或其他方式的混养殖，根据我地的调研表明，每亩稻田投虾种20千克，成本500元，每亩平均可以收获小龙虾80千克，收入1800元，每亩稻田仅养小龙虾的纯收入就达到1000元左右。由此可见，养殖小龙虾是农民实现快速致富的有效途径之一。

五是养殖成本相对较低。龙虾的食性杂，饵料容易解决，以摄食水体中的有机碎屑、水生植物、瓜果、蔬菜为主要食物来源，兼食动物性饵料及人工配制饲料，可以直接将植物转换成动物蛋白，在低密度养殖时无需投喂特殊的饲料，生长速度较快，产量高，能量转换率高，养殖成本低，效益好。

六是小龙虾的生长周期短，资金回笼快。一般幼小的小龙虾经2个月左右的生长就可以上市，通过捕大留小的技术方案，可以采取循环养殖的方式，属于一次投放、常年受益的养殖模式。

五、小龙虾养殖模式的探索

1978年美国国家研究委员会强调发展小龙虾的养殖，认为养殖小龙虾有成本低，技术易于普及，能摄食池塘中的有机碎屑和水生植物，无需投喂特殊的饵料，生长快，产量高等诸多优点。因此可以说小龙虾是非常重要的水产资源，人们对它的利用也做了不少的研究。

例如美国探索了"稻-虾"、"稻-虾-豆"、"虾-鱼"、"虾-牛"等混养轮作，最初的养殖方式是粗放、混养，后来发展到各种形式的强化养殖。欧洲进一步探索了"小龙虾－沼虾－小龙虾"的轮作。澳大利亚探索了强化人工养殖模式等。

我国水产界从 20 世纪 70 年代开始试养小龙虾，各地科研工作者紧密和生产实践相结合，开发并推广了一些卓有成效的养殖模式，主要包括"稻-虾"的轮作、套作和兼作，"虾-鱼"的混养，"虾-水生经济植物"的轮作，小龙虾的池塘养殖，小龙虾的湖泊增养殖等多种模式。

第二节　小龙虾的生物学特性

一、分类地位

小龙虾中文学名为克氏原螯虾，在分类学上与龙虾、河虾及对虾都属于节肢动物门、甲壳纲、十足目、蝲蛄科、原螯虾属。

二、形态特征

1. 外部形态

小龙虾体型稍平扁，体表包裹着一层坚厚的几丁质外骨骼，主要起保护内部柔软机体和附着筋肉之用，俗称虾壳。身体由头胸部和腹部共 20 节组成，其中头部 5 节，胸部 8 节，腹部有 7 节。各体节之间以薄而坚韧的膜相联，使体节可以自由活动。

2. 内部结构

小龙虾整个体内分为消化系统、呼吸系统、循环系统、排泄系统、神经系统、生殖系统、肌肉运动系统等七大部分。

三、栖息习性

小龙虾喜温怕光，为夜行性动物，昼伏夜出，营底栖爬行生活，有明显的昼夜垂直移动现象。在正常条件下，白天光线强烈时常潜伏在水中较深处或水体底部光线较暗的角落、石砾、水草、树枝、石块旁、草丛或洞穴中，光线微弱或夜晚出来摄食，多聚集在浅水边爬行觅食或寻偶。

小龙虾对水体要求较宽，各种水体都能生存，广泛栖息生活于淡水湖泊、河流、池塘、水库、沼泽、水渠、水田、水沟及稻田中。小龙虾栖息的地点常有季节性移动现象，春天水温上升，小龙虾多在浅水处活动，盛夏水温较高时就向深水处移动，冬季在洞穴中越冬。

四、迁徙习性

小龙虾有较强的攀援能力和迁徙能力，在水体缺氧、缺饵、污染及其他生物、理化因子发生骤烈变化而不适的情况下，常常爬出水体外活动，从一个水体迁徙到另一个水体。小龙虾喜逆水，常常逆水上溯，这也是其在下大雨时常随水流爬出养殖池塘的原因之一。

五、掘穴习性

小龙虾有一对特别发达的螯，有掘洞穴居的习惯，并且善于掘洞。

（1）掘穴形状与深度　在水位升降幅度较大的水体和小龙虾的繁殖期，所掘洞穴较深；在水位稳定的水体和虾的越冬期，所掘洞穴较浅；在生长期，小龙虾基本不掘洞。洞穴一般圆形，向下倾斜，且曲折方向不一。

我们曾经在滁州市全椒县和天长市进行调查，在对122例的小龙虾洞穴的调查与实地测量中，发现深度30～80厘米左右的有95处，约占测量洞穴的78%左右，部分洞穴的深度可超过1米。在天长市龙集乡测量到最长的一处洞穴达1.94米，直径达7.4厘米。调查还发现横向平面走向的小龙虾洞穴才有超过1米以上深度的可能，而垂直纵深向下的洞穴一般都比较浅。

（2）掘穴速度　小龙虾的掘洞速度是非常惊人的，尤其将其放入一个新的生活环境中更是明显。2006年，我们在天长市牧马湖一小型水体中放入刚收购的小龙虾，经一夜后观察，在砂壤土中，大部分小龙虾掘的新洞深度在40厘米左右。

（3）掘穴位置　在水质较肥、淤泥较多及有机质丰富的生长季节，小龙虾掘穴明显减少；而在无石块、杂草及洞穴可供躲藏的水体，小龙虾常在堤埂靠近水面上下挖洞穴居。在调查中发现，小龙虾所掘的洞口位置通常选择在相对固定的水平面处较多，一般在水面上下20厘米处小龙虾洞口最多，这种情况在稻田中是很明显的。另外，在水上池埂、水中斜坡及浅水区的砂质池底部都有小龙虾洞穴，但是在池底软泥处则几乎没有小龙虾洞穴的存在。

（4）掘穴作用　一是有利于隐身，小龙虾喜阴怕光，光线微弱或黑暗时爬出洞穴，光线强烈时，则沉入水底或躲藏在洞穴中。二是有利于自我保护，当小龙虾处于越冬、蜕壳时和繁殖期时，主要在洞穴中进行。小龙虾在挖好洞穴后，多数都要加以覆盖，即将泥土等物堵住唯一的入口，这可能是小龙虾防止其他敌害进入洞穴侵袭它们的一种自我保护。尤其对于越冬的小龙虾，它可以防止洞穴内部的温度过低而使自己被冻伤。在养殖池中适当增放人工巢穴，能大大减轻该虾对池埂、堤岸的破坏。

六、自我保护习性

小龙虾的游泳能力较差，只能作短距离的游动，常在水草丛中攀爬，抱住水体中的水草或悬浮物将身体侧卧于水面，当受惊或遭受敌害侵袭时，便举起两只大螯摆出格斗的架势，一旦钳住后不轻易放松，放到水中才能松开。

小龙虾幼体附肢的再生能力强，一旦附肢断开后，会在第2次蜕皮时再生一部分，几次蜕皮后就会恢复，不过新生的部分比原先的要短小。这种再生行为也是小龙虾一种保护性的适应。

七、趋水习性

小龙虾具有很强的趋水习性，喜欢新水、活水，在进排水口有活水进入时，它们会成群结队地溯水逃跑。在下雨时，由于受到新水的刺激，它们会集群顺着雨水流入的方向爬到岸边或停留或逃逸。在养殖池中常常会发现成群的小龙虾聚集在进水口周围，因此养殖小龙虾时一定要有防逃的围拦设施。

八、氧气对小龙虾的影响

小龙虾利用空气中氧气的能力很强，有其他虾类所不具备的本领，在水中溶氧减少时，便会侧卧在水面，头胸甲一面露出水面进行呼吸，当水体中氧气进一步减少时，它会用步足撑起身体，头胸甲全部露出水面。小龙虾喜在高溶解氧条件下生长，一般水体溶氧保持在 3 毫克升以上，即可满足其生长所需。当水体溶氧不足时，小龙虾常攀缘到水体表层呼吸或借助于水体中的杂草、树枝、石块等物，将身体偏转使一侧鳃腔处于水体表面呼吸，在水体缺氧的环境下它不但可以爬上岸来，甚至爬上陆地借助空气中的氧气呼吸。在阴暗、潮湿的环境条件下，小龙虾离开水体能存活 1 周以上。

九、温度对小龙虾的影响

小龙虾为变温水生动物，其代谢活动、酶活性和生长发育与水体中温度有密切的关系。小龙虾最适宜的生长温度是 25～30℃，受精卵的孵化温度控制在 24～30℃之间，

十、pH 值对小龙虾的影响

pH 值是水体的重要指标，小龙虾喜欢中性和偏碱性的水体，养殖水体中一般为 6.5～8.5 之间，pH 值过高或过低会对小龙虾直接产生危害。

十一、对农药反应敏感

小龙虾对某些农药（如敌百虫、菊酯类杀虫剂）、化肥、液化石油气等化学物品非常敏感，只要塘内有这些化

学物品，小龙虾就会全军覆灭，因此养殖水体应符合国家颁布的渔业水质标准和无公害食品淡水水质标准。养殖区里有稻田的，要注意在防治水稻疾病时，不能轻易将田水放入养虾水域中，如果是稻田混养的，在选择药物时要注意药物的安全性。

十二、食性与摄食

华中农业大学魏青山 1985 年对武汉地区小龙虾食性分析的结果是：植物性成分占 98%，其中主要是高等水生植物及丝状藻类。因此，小龙虾是以植物性食物为主的杂食性动物，动物类的小鱼、虾、浮游生物、底栖生物、水生昆虫、动物尸体、有机碎屑及各种谷物、饼类、蔬菜、陆生牧草、水体中的水生植物、着生藻类等都可以作为它的食物，也喜食人工配合饲料。另一方面，小龙虾食性在不同的发育阶段稍有差异。刚孵出的幼体以其自身存留的卵黄为营养，幼体第一次蜕壳后开始摄食浮游植物及小型枝角类幼体、轮虫等，随着个体不断增大，摄食较大的浮游动物、底栖动物和植物碎屑，成虾兼食动植物，主食植物碎屑、动物尸体，也摄食水蚯蚓、摇蚊幼虫、小型甲壳类及一些水生昆虫。在人工养殖情况下，幼体可投喂丰年虫无节幼体、螺旋藻粉等，成虾可投喂人工配合饲料，或以人工配合饲料为主，辅以动、植物碎屑。

小龙虾摄食多在傍晚或黎明，尤以黄昏为多。小龙虾不仅摄食能力强，而且有贪食、争食的习性。在养殖密度大或者投饵量不足的情况下，小龙虾之间会自相残杀，尤其是正蜕壳或刚蜕壳的没有防御能力的软壳虾和幼虾常常被成年小龙虾所捕食，有时抱卵亲虾在食物缺少时会残食自己所抱的卵，据有关研究表明，一只雌虾1天可吃掉20只幼体。另外，小龙虾还具有较强的耐饥饿能力，一般能耐饿3～5天；秋冬季节一般20～30天不进食也不会饿死。

十三、蜕壳与生长

小龙虾在生长过程中必须通过蜕掉体表的甲壳才能完成其突变性生长，在它的一生中，每蜕一次壳就能得到一次较大幅度的增长。所以，正常的蜕壳意味着生长。

小龙虾的幼体一般4～6天蜕皮一次，离开母体进入开放水体的幼虾每5～8天蜕皮一次，后期幼虾的蜕皮间隔一般8～20天，水温高，食物充足，发育阶段早，则蜕皮间隔短。从幼体到性成熟，小龙虾要进行11次以上的蜕皮。其中溞状幼体阶段蜕皮2次，幼虾阶段蜕皮9次以上。

十四、寿命与生活史

小龙虾雄虾的寿命一般为20个月，雌虾的寿命为24个月。

小龙虾的生活史也并不复杂，雌雄亲虾交配后分别产生卵子和精子，并受精成为受精卵，然后进入洞穴中发育，受精卵和溞状幼体都由雌虾单独保护完成，到一定时间后，抱卵虾离开洞穴，排放幼虾，离开母体保护的幼虾经过数次的蜕壳后就可以上市了，还有部分成虾则继续发育为亲虾，完成下一个生殖轮回。

第二章　小龙虾的繁殖

经过多年的生产实践，我们认为，现在的苗种人工繁殖技术仍然处于完善和发展之中，在苗种没有批量供应之前，建议各养殖户可采用放养抱卵亲虾，实行自繁、自育、自养的方法来达到苗种的供应目的。

第一节　小龙虾的生殖习性

一、性成熟

小龙虾隔年性成熟，9月份离开母体的幼虾到第2年的7、8月份可性成熟产卵。在人工饲养条件下，也要6个月才能基本达性成熟。

二、自然性比

在自然界中，小龙虾的雌雄比例是不同的。根据舒新亚等的研究表明，在全长3.0～8.0厘米的小龙虾中，雌性多于雄性，其中雌性占总体的51.5%，雄性占48.5%，雌雄比例为1.06∶1。在8.1～13.5厘米的小龙虾中，也是雌性多于雄性，其中雌性占总体的55.9%，雄性占44.1%，雌雄比为1.17∶1。在其他个体大小的小龙虾中，则是雄性占大多数。

三、交配季节

小龙虾的交配季节一般在 4 月下旬到 7 月，1 尾雄虾可先后与 1 尾以上的雌虾交配，群体交配高峰在 5 月，水温 15℃以上开始交配，9 月以后有幼体孵出。幼体附于母体的腹部游泳足上，在母体的保护下完成幼体阶段的生长发育过程。这种繁育后代的方式，保证了后代很高的成活率。在自然情况下，亲虾交配后就开始掘洞，雌虾产卵和受精卵孵化的过程多在地下的洞穴中完成。

四、产卵与受精

小龙虾一年可产卵 3～4 次，每次产卵 100～500 粒。小龙虾雌虾的产卵量随个体长度的增长而增大，根据我们对 154 尾雌虾的解剖结果，体长 7～9 厘米的雌虾，产卵量约为 100～180 粒，平均抱卵量为 134 粒；体长 9～11 厘米的雌虾，产卵量约为 200～350 粒，平均抱卵量为 278 粒；体长 12～15 厘米的雌虾，产卵量为 375～530 粒，平均抱卵量为 412 粒。

亲虾交配后，7～40 天左右，雌虾才开始产卵。产卵时，雌虾的卵子从生殖孔中产出，与精荚释放出的精子结合而使卵受精。受精卵黏附在雌虾的腹部，被形象地称为"抱卵"，此时雌虾的腹足不停地摆动，以保证受精卵孵化所必需的氧气。受精卵呈圆形，随着胚胎发育不断变化。没有受精的卵子，多在 2～3 天内自行脱落。

五、孵化

我们在 2007 年 9 月 26 日曾经对抱卵虾的性腺发育情

况做了解剖，根据解剖的结果发现（表 2-1），在这个时间段正是小龙虾受精卵快速发育的好时机，因此建议虾农购买抱卵亲虾时，不要晚于 9 月底进行。

表 2-1　小龙虾性腺发育解剖情况（时间：2007-9-26）

卵的颜色	数量	占总数的比例/%
酱紫色	72	39.56
土黄色	54	29.66
深土黄色	23	12.64
吸收中	18	9.89
刚发育	9	4.95
无	6	3.30

在自然情况下，亲虾交配后，开始掘洞，雌虾产卵和受精卵孵化的过程基本上是在洞穴中完成的，从第 1 年秋季孵出后，幼体的生长、发育和越冬过程都是附生在母体腹部，到第 2 年春季才离开母体生活，这也是保证它的繁殖成活率的有效举措，成活率可达 80% 左右。

第二节　雌雄鉴别

性成熟后的小龙虾雌雄异体，雌雄两性在外形上都有自己的特征，差异十分明显，容易区别，鉴别如下：

① 达到性成熟的同龄虾中，雄性个体都要大于雌性个体。

② 两者相比较而言，性成熟的雌虾腹部膨大，雄虾腹部相对狭小。

③ 体长相近的亲虾，雄虾螯足膨大，腕节和掌节上

的棘突长而明显，且螯足的前端外侧有一明亮的红色软疣。雌虾螯足较小，大部分没有红色软疣，小部分有，但面积小且颜色较淡。

④ 雄虾的生殖孔开口在第五对胸足的基部，不明显；雌虾的生殖孔开口于第三步足基部，可见明显的一对暗色圆孔，腹部侧甲延伸形成抱卵腔，用以附着卵。

⑤ 雄虾第一、第二腹足演变成白色、钙质的管状交接器，输精管只有左侧一根，呈白色线状；雌虾第一腹足退化，很细小，第二腹足羽状，便于激动水流。这是雌雄之间在外形上最明显的鉴别性特征。

第三节　亲虾培育池

培育数量充足、体格健壮、优质无病的成熟亲虾是亲虾人工繁殖的基础。要想获得成熟合格的亲虾，必须满足亲虾生长发育的要求，采取适宜的饲养管理方法，促进亲虾的性腺发育，根据生产上的经验，我们认为亲虾的培育池必须抓好以下的工作：

一、亲虾池的选择

亲虾培育池，有的地方叫亲虾暂养池，是亲虾的生活环境，主要是供放养抱卵亲虾用的，培育池的优劣直接影响到亲虾的生长发育和成活率。

亲虾培育池可选择池塘、河沟、低洼田等，面积以1.5～2亩左右为宜，要求能保持水深1.2米左右，池埂宽 1.5 米以上，池底平整，最好是砂质底，池埂坡度1：3以上，有充足良好的水源，建好注、排水口，进水口加栅栏和过滤网，防止敌害生物入池，同时防止青蛙入池产卵，避免蝌蚪残食虾苗。四周池埂用塑料薄膜或钙塑板搭建以防亲虾攀附逃逸，池中要尽可能多一些小的田间埂。

二、亲虾池的清淤除害

一是亲虾放养前，必须彻底清塘，以消灭病原体，杀死敌害，消灭亲虾的争食者和残害者，改善水质，以利亲虾生长发育。

二是亲虾池要严格杜绝乌鳢、鲶鱼、黄颡鱼、泥鳅、鳝鱼等肉食性鱼类存在，以防对抱卵虾和幼虾的侵害。

三是清塘方法多种多样，以高效无毒为原则，常用生石灰或漂白粉彻底清塘。干法清塘每亩用生石灰75～100千克，或漂白粉7～10千克。带水清塘每亩用生石灰125～150千克，或漂白粉10～15千克。

四是在进水时严加过滤，防止敌害随水进入。

三、隐蔽场所的设置

为了给小龙虾营造合适的生态环境，池底必须设置一定数量的隐蔽物，如轮胎、瓦脊、切成小段的塑料管、扎好的草堆、树枝、竹筒、杨树根、棕榈皮或用编织袋扎成束，以利亲虾躲避敌害、攀爬、隐身、栖息和虾苗蜕壳附着物。也可在水面投放占水面 1/3～1/5 的水葫芦、水浮莲或种植占总水面 1/3～1/4 的眼子菜、轮叶黑藻、菹草等水草。

第四节　亲虾选择

根据小龙虾特殊的繁殖习性，来年要发展养殖，头一年是收集亲虾的关键时期，养殖者应引起重视。

一、选择时间

根据生产上的经验，我们认为选择小龙虾亲虾的时间一般在7月下旬至9月中旬或次年3～4月，亲虾离水的时间应尽可能短，一般要求离水时间不要超过2小时，在室内或潮湿的环境，时间可适当长一些。

二、亲虾的来源

供繁殖用的亲虾的来源途径一般有以下几条：

一是直接从养殖小龙虾区的池塘或天然水域捕捞的成虾中挑选符合要求的，然后进行专门培育。

二是收集性成熟的雌雄亲虾，暂养培育一段时间后，雌雄亲虾即交配产卵，然后捕捉抱卵虾用于虾苗的繁育。成熟雌虾的标志是：卵巢几乎覆盖头胸甲的背面，其前端要接近或抵达额角的基部，其颜色已从绿色转变为棕褐色。

三是在小龙虾的繁殖季节，直接收集抱卵的雌虾，注意应选择卵子呈深绿色或橘黄色的虾，一般不要选择卵已呈灰褐色并出现眼点的虾，因为灰褐色的卵已接近孵出，极容易从虾体上脱落下来，不便于运输和操作。此法一般在靠近湖泊等大水体、虾源丰富的地方采用，而且运输距离要短，运输时间不能长，运输时一定要满足溶氧的需求。

四是在夏末秋初季选择体质肥壮、无病无伤、附肢齐全的小龙虾，经冬季人工强化培育越冬后，用于虾苗的繁育。

三、雌雄比例

雌雄比例应根据繁殖方法的不同而有一定的差异，如果是用人工繁殖模式的雌雄比例以（1～1.5）：1为宜；半人工繁殖模式的以（2～3）：1为好；在自然水域中以增殖模式进行繁殖的雌雄比例通常为3：1。

四、选择标准

一是雌雄性比要适当，达到繁殖要求的性配比。

二是个体要大。达性成熟的小龙虾个体要比一般生长阶段的个体大，雌雄性个体体重都要在30～45克为宜。

三是对颜色的要求。要求颜色暗红或黑红色、有光泽，体表光滑而且没有纤毛虫等附着物。那些颜色呈青色的虾，看起来很大，但它们仍属壮年虾，一般再蜕壳1～2次后才能达到性成熟，商品价值也很高，宜作为商品虾出售。

四是对健康要严格要求。亲虾要求附肢齐全，缺少附肢的虾尽量不要选择，尤其是螯足残缺的亲虾要坚决摒弃。亲虾身体健康无病，体格健壮，活动能力强，反应灵敏，当人用手抓它时，它会竖起身子，舞动双螯保护自己，取一只放在地上，它会迅速爬走。

五是要了解其他情况。主要是了解小龙虾的来源、离开水体的时间、运输方式等。如果是药捕（如敌杀死药捕）的小龙虾，坚决不能用作亲虾，那些离水时间过长（高温季节离水时间不要超过 2 小时，一般情况下不要超过 4 小时，严格要求离水时间尽可能短）、运输方式粗糙（过分挤压风吹）的市场虾不能作为亲虾。

第五节　亲虾的放养与饲养管理

一、放养时间

一旦选择好亲虾，就可以放养了，小龙虾放养的时间主要在 7 月下旬至 9 月中旬，如果没有把握好，则在第二年的 3～4 月也可以考虑补充放养。

二、放养规格

许多养殖户根据其他水产品的养殖经验，认为亲虾个体越大，繁殖能力越强，繁殖出的小虾的质量也会越好，所以很多人选择大个体的虾作种虾，但有专家在生产中发现，实际结果刚好相反。

经过专家的详细分析，认为主要的原因在于小龙虾的寿命非常短，我们看见的大个体的虾往往已经接近生命的尽头，投放后不久就会死亡，不仅不能繁殖，反而造成亲虾数量的减少，产量也就很低。所以建议亲虾的规格最好在是 25～35 尾/千克的成虾。但一定要求附肢齐全，颜色呈红色或褐色。

三、放养密度

亲虾放养密度是有一定规律可循的，可根据来年成虾设计产量确定亲虾放养数量，亩放亲虾 25 千克就可以了。

在放养时可采用亲虾和鲢、鳙亲鱼混养，亲虾能为鲢、鳙鱼清扫残渣剩饵，保持池塘清洁，可充分利用水体天然饵料，挖掘池塘潜力。

还有一点要注意的就是亲虾在放养前用 5% 食盐水浸浴 5 分钟，以杀灭病原体，可以有效地提高亲虾的成活率。

四、亲虾的管理

亲虾对外界条件的要求，因季节和生理状况的变化而有差异。因此，在亲虾的培育饲养上应采取相应的培养措施，来满足亲虾生长发育的需求。

一是促进亲虾打洞，10 月上旬开始降低水位，露出堤埂和高坡，确保它们离水面约 30 厘米，池塘水深也要保持在 60～70 厘米，让亲虾掘穴繁殖。待虾洞基本上掘好后，再将水位提升至 1 米左右。

二是及时投喂，保持丰富的营养，放养初期，如水温尚高，可适当投喂野杂鱼、螺蛳、河蚌肉、蚯蚓及畜禽内脏等饲料，让亲虾恢复体质。也可以采用每天投喂 2 次花生饼及豆饼，效果也很好，上午投 1/3，下午投 2/3。

三是培肥水质，要投放水草或稻草，并适度施肥，培育浮游生物，保持透明度在 30～40 厘米，保证亲虾和孵出的幼虾有足够的食物。

第六节　亲虾越冬

亲虾的越冬是关系到来年幼虾供应的大问题，也是整个人工繁殖工作的重要环节。

一、越冬池的选择

条件优良的越冬池对于小龙虾的亲虾而言，是非常重要的，因此越冬池的选择是有讲究的。一是选择避风向阳的池塘作为亲虾越冬池，既有利于防止冬季寒风的直接吹拂而影响小龙虾，又有助于水温的自然提高；二是越冬池的面积不要太小，也不宜太大，一般以 2 亩左右为宜；三是池底要干净，淤泥尽量不超过 10 厘米；四是池塘的蓄水能力要强，冬季池塘正常应保持水深在 1.5 米以上；五是要有充足的隐蔽物，每亩池塘可放养水花生、水葫芦等水生植物 150 千克，棕片或柳树根 30 千克供越冬亲虾栖息用；六是要有防逃措施，四周池埂用塑料薄膜或钙塑板搭建，以防亲虾攀附逃逸。

二、越冬亲虾的质量

亲虾是育苗的基础，质量的好坏不仅影响亲虾越冬的成活率，更重要的是影响亲虾的性腺发育，所以在育苗生产中要给予足够的重视。进入越冬池的亲虾要逐个检查挑选，要坚决清除残肢、黑鳃、烂鳃或患有其他病症的虾，并尽可能地保证亲虾的体长在 8 厘米以上，体重在 30 克以上。

三、越冬亲虾放养

在条件许可时，越冬的亲虾尽可能地从河沟等较大的水体中捕选，随捕随选随时运输，减少中间环节，减少离水时间，减少伤残现象。

一般每亩越冬池塘放养亲虾 300 千克左右，雌雄虾的比例为（2～1）：1。

四、越冬管理

一是保证温度。试验表明，虽然小龙虾对低温的抵抗能力较强，但是当水温长期低于 0℃时，8 厘米左右的亲虾在越冬期间死亡率很高，有的虾虽能生存，但 2～3 个月后也会出现大量死亡。在生产上可采用保温的方法来越冬，常用的方法有塑料薄膜覆盖水池保温法、电热器加温法、温泉水越冬法、工厂余热水越冬法和玻璃室越冬法等，保证越冬期间的水温在 16～18℃，都能达到亲虾安全越冬的效果，这也是整个繁殖工作的重要环节。

二是及时投喂。如果越冬场所的水温能保持在适当范围内，可投喂野杂鱼、螺蛳、河蚌肉、蚯蚓及畜禽内脏等饲料，让亲虾恢复体质；如果是投喂颗粒饵料时，注意饵料在水中的稳定性要好，不要轻易散失，一般每亩池塘投喂 1～2 千克精饲料。同时水体内要投放充足的水草或稻草，并适度施肥，培育浮游生物，保持透明度在 30～40 厘米，保证亲虾和孵出的幼虾有足够的食物。

三是要做好"四防"工作，即防水老鼠、水鸟等的危害；防池塘漏水；防水质污染；保持水质和水中的高溶氧，防止浮头死虾。

四是要做好防病工作。防治越冬亲虾的疾病，主要应从改善水质环境，提高亲虾的抗病力着手。一般每月使用一个疗程的抗生素，每个疗程用药 3 天，每天用药一次，和水后全池泼洒。

第七节　亲虾的繁殖

小龙虾的繁殖方式主要是自然繁殖，现在许多科技资料介绍可用全人工进行繁殖，但经过我们的试验和所作的调查，认为这种人工繁殖技术是不成熟的，我们建议广大养殖户还是走自繁自育、自然增殖的方法比较好。

一、亲虾的配组

亲虾的配组宜在每年的 8～9 月底进行，此时虾还未进入洞穴，容易捕捞放养，选择体质健壮、肉质肥满结实、规格一致的虾种和抱卵的亲虾放养。如果是直接在水体中抱卵孵化并培育幼虾，然后直接养成大虾的话，亩放亲虾 25 千克，雌雄比例（2～3）：1，如果是用水体进行大批量培育苗种，则亩放亲虾 100 千克，雌雄比例2：1。

二、抱卵虾的培育管理

（1）水质要求　加强水质管理是非常重要的，一是可及时提供新鲜的水源；二是可以提供外源性微生物和矿物质；三是对改善水质大有裨益。坚持每半月换新水1次，每次换水1/4；每10天用生石灰15克/米²兑水泼洒1次，以保持良好水质，确保池水的溶氧量在5毫克/升以上，pH值在6.5～8.0间，促进亲虾性腺发育。

（2）投喂饲料　在亲虾入池后，每天傍晚投喂1次即可，投喂的饲料有切碎的螺肉、蚌肉、蚯蚓、碎鱼肉、小虾、畜禽屠宰下脚料等，投喂量为池中虾体总重量的3%～4%。为了满足小龙虾的营养需求，要加投一定量的植物性饲料，如白菜、嫩草，扎成小捆沉于水底，也可投喂豆饼、麦麸或配合饲料等，没有吃完的在第2天捞出。此外，在饲料中还要添加一些含钙的物质，以利于虾的蜕壳。

（3）定期检查亲虾　由于群体中每尾雌虾的产卵时间不可能完全同步，必须定期检查暂养池的亲体，挑出抱卵虾。从实际操作结果看，以7天检查一次比较合适。操作方法是排干池水，逐一检查雌体，把已抱卵的移到孵化池，未抱卵的于原池继续饲养。

三、繁殖方式

小龙虾的人工繁殖方式主要有人工增殖、半人工繁殖和全人工繁殖三种模式。

（1）人工增殖　就是在没有养殖过小龙虾的水体中进行，在不增加任何人工措施的条件下让其自然繁殖，从而达到小龙虾增殖的目的。方法是在投放亲虾前对池塘进行清整、除野、消毒施肥、种植水生植物，然后投放亲虾，让小龙虾的亲虾掘穴，进入洞里进行自行繁殖。到第2年

3月初，就会有小龙虾离开洞穴，出来摄食、活动，此时开始投喂并捕捞大虾。此种繁殖方法适用于小型湖泊、沼泽地、面积较大的池塘和低湖田，也可用于面积较大的池塘或精养池。对于草型湖泊，投入种虾后则不必投草、施肥。

（2）半人工繁殖　就是通过人为的部分控制，来达到小龙虾繁殖的目的。放亲虾前先对繁殖池进行清整、消毒、除野后，投放经挑选的亲虾，这时要保持良好的水质，定时加注新水，多投喂一些动物蛋白含量较高的饵料和水葫芦等水草。通过人工控制温度、光照、水质、水位等条件因子，促进亲虾交配、产卵，这种繁殖方式适用于池塘养殖。

（3）全人工繁殖　就是繁殖的全程都通过人为控制来达到预定目的。这种繁殖方式一般可控性更强，操作性更强，基本上是在室内水泥池中进行的，具有密度大、产量高、成活率高的优点。水泥池水深0.8米左右，底部可设置大量的人工巢穴，如小石块、消毒的树根等，吊挂少量的植物如水葫芦、水花生、眼子菜、轮叶黑藻、菹草、金鱼草等，通过增气机向池里人为增氧。每平方米的水体可投放亲虾60尾左右，雌雄比例（1～2）：1。通过投喂一些动物蛋白含量较高的饵料、保持水泥池的水质良好、定期加注新水、及时开动增氧机增氧等一系列控制光照、水温、水质、水位的措施，来诱导小龙虾的亲虾进行交配、产卵。

四、孵化与护幼

进入春季后，要坚持每天巡池，查看抱卵亲虾的发育与孵化情况，把抱卵的亲体依卵的颜色深浅分别投放在不同的孵化池中，一旦发现有大量幼虾孵化出来后，可用地笼捕捉已繁殖过的大虾，尽量减少盘点过池，操作也要特别小心，避免对抱卵的亲虾和刚孵出的仔虾造成影响。同时要加强管理，适当降低水位 10～20 厘米，以提高水温，同时做好幼虾投喂工作和捕捞大虾的工作。需注意的是，在出苗前一定要投放占孵化池水面面积 1/3 以上的水浮莲，这对提高虾苗成活率有很大的作用。

刚孵化出的幼体会依附于亲虾母体腹部的游泳足上，在母体的保护下完成幼体阶段的生长发育过程。它们既能摄食母体搅动水流带来的浮游生物，也能离开母体腹部后微弱游动，仅做短距离游泳，便回到母体的腹部。2007年、2008 年我们曾在安徽省滁州市的多处小龙虾养殖区于 10 月、11 月、12 月、次年 1 月、2 月等连续多次挖洞取样观察，在母体的腹部泳游足上都附有生长到不同阶段的小龙虾幼虾，最大的小龙虾幼体体长达 0.8 厘米左右。可以推断，从第 1 年初秋小龙虾稚虾孵出后，小龙虾幼体的生长、发育和越冬过程都是附生于母体腹部，到第 2 年春季才离开母体生活。小龙虾这种繁育后代的方式，保证了后代很高的成活率。

五、及时采苗

稚虾孵化后在母体保护下完成幼虾阶段的生长发育过程。稚虾一离开母体，就能主动摄食，独立生活。此时一定要适时培养轮虫等小型浮游动物供刚孵出的仔虾摄食，估计出苗前 3～5 天，开始从饲料专用池捕捞少量小型浮游动物放入虾苗池，并用熟蛋黄、豆浆等及时补充仔、幼虾所需的食料供应。当发现繁殖池中有大量稚虾出现时，应及时采苗，进行虾苗培育。

也可以在幼体脱离母体后把全部母体捞走，将池中的幼体进行集中饲养，如果母体中还有抱卵的可另池饲养。

第三章 幼虾的培育

离开抱卵虾的幼虾体长约为 1 厘米，此时的幼虾个体很小，自身的游泳能力、捕食能力、对外界环境的适应能力、抵御躲藏敌害的能力都比较弱，如果直接放入池塘中养殖，它的成活率是很低的，最终会影响成虾的产量的。因此有条件的地方可进行幼虾培育，待幼虾三次蜕壳甚至四次蜕壳后，体长达 3 厘米左右时，再放入成虾养殖池中养殖，可有效地提高成活率和养殖产量。小龙虾的幼虾培育主要有水泥池培育和土池培育两种模式。

第一节 虾苗的采捕

一、采捕工具

小龙虾幼苗的采捕工具主要是两种：一种是网捕；一种是笼捕。

二、采捕方法

网捕时，方法很简单，一是用三角抄网抄捕，用手抓住草把，把抄网放在草下面，轻轻地抖动草把，即可获取幼虾；二是用虾网诱捕，在专用的虾网上放置一块猪骨头或动物内脏，待 10 分钟后提起虾网，即可捕获幼虾；还有一种就是用特制的密网目制成的小地笼进行捕捉，为了提高捕捞效果,可在笼内放置猪骨头,间隔 4 小时后收笼。

第二节　水泥池培育

一、培育池的建设

1. 面积

用水泥池来培育幼虾具有操作面积较小、排灌方便、方便投喂、条件比较容易控制、捕捞也很简单的优点。根据生产实践,水泥池以 30～80 米^2,水深 0.6～0.8 米的为佳,也可用面积稍大些的水泥池。

2. 建设

长方形或圆形均可,池内壁要用水泥抹平,要保持光滑,以免碰伤幼虾,进排水设施要完善。为了方便出水和收集幼虾,池底要有 1‰ 左右的倾斜度,最低处设一出苗孔,池外侧设集苗池,便于排水出苗。

3. 处理

新建水泥池要用硫代硫酸钠去除水泥中的硅酸盐(俗称去火、去碱),然后用漂白粉消毒。

4. 隐蔽物的设置

小龙虾在高密度培育的情况下,易受到敌害生物及同类的攻击,因此水泥池中要移植和投放一定数量的沉水性及漂浮性水生植物,沉水性植物可用轮叶黑藻、菹草、伊乐藻、马来眼子菜等,将它们扎成一团,然后用小石块系好沉于水底,每 3 米^2 放一团,每堆 2 千克左右。漂浮性

30

植物可用水葫芦、浮萍、水花生、空心菜、水浮莲等。这些水生植物供幼虾攀爬，可作其栖息和蜕壳时的隐蔽场所，还可作为幼虾的饲料，保证幼虾培育有较高的成活率。另外，在水泥池中还可设置一些水平或垂直网片、竹筒、瓦片等物，增加幼虾栖息、蜕壳和隐蔽的场所。

5. 水位控制

幼虾培育时的水位控制在 50 厘米即可。

6. 充气增氧设施

包括鼓风机、送气管道和气石。根据水泥池大小和充气量要求配置罗茨鼓风机。散气石选取用 60～100 号金刚砂气石，每平方米设置一个。

二、培育用水

幼虾培育用水一般用河水、湖水和地下水就可以了，水质要符合国家颁布的渔业用水或无公害食品淡水水质标准，水源要充足，水质要清新无污染。无论是何种水源，一定要注意在取水时用 60 目的密网过滤，防止昆虫、小鱼虾及卵等敌害生物进入池中。

三、幼虾放养

1. 幼虾要求

为了防止在高密度情况下，大小幼虾互相残杀，因此在幼虾放养时，要注意同池中幼虾规格保持一致，体质健壮，无病无伤。

2. 放养时间

要根据幼虾苗采捕而定，一般以晴天的上午 10 时为好，也可以在下午 4 时放养。

3. 放养密度

有增氧条件的水泥池，每平方米可放养刚离开母体的幼虾 600～900 尾；而采用微流水培育的水泥池，由于水流是不断流动的，溶氧多而且水质清新，幼虾的放养密度可适当大一点，每平方米可达 1000 尾左右；一般条件下的水泥池，每平方米放养 300 尾就可以了。

4. 放养技巧

一是要带水操作，投放时动作要轻快，要避免使幼虾受伤。

二是要试温后放养，要注意测试运输幼虾水体的水温是否和培育池里的水温一致，如果温差在 1℃左右时则不需要试温，如温差较大，则要调温。调温的方法是将幼虾运输袋去掉外袋，将袋浸泡在水泥培育池内 10 分钟，然后转动一下再放置 10 分钟，待水温一致后再开袋放虾，确保运输幼虾水体的水温要和培育池里的水温一致。

四、日常管理

小龙虾虽然抱卵量不大，但在良好条件下，它们的受精率可在 95％左右，孵化率可达 80％左右。在生产中我们会发现最后的出苗量不是很足，没有预计的多，这是为什么呢？问题就出在幼体培育的后期管理上，出苗后仔虾生长蜕壳频繁，身体比较娇弱稚嫩，极易受环境条件制约而影响育苗率。所以要提高育苗率，关键要做好如下几点：

一是投喂工作要抓紧。幼体一离开母体就能摄食，其食物包括丰年虫无节幼体、轮虫、枝角类、蛋黄。适时培养轮虫等小型浮游动物供刚孵出的仔虾摄食是非常不错的方法，可以定期向池中投喂浮游动物或人工饲料，浮游动物可从池塘或天然水域捞取，也可进行提前培育。人工饲料主要是蛋黄，可在开始 10 天内投喂煮熟的蛋黄，每万苗 1～2 个。也可用豆浆，或者用小鱼、小虾、螺蚌肉、蚯蚓、蚕蛹、鱼粉等动物性饲料，适当搭配玉米、小麦，粉碎混合成糜状或加工成软颗粒饲料。每日投喂 2～3 次，白天投喂占日投饵的 35%，晚上占日投饵量的 65%。幼体后期按培育池中虾总体重的 8%。具体投饵量要根据天气、水质和虾的摄食情况而定。

二是要控制水质。小龙虾繁育期间，要保持水体相对稳定，水质清新，pH 值在 6.5～8 之间；要根据培育池中污物、残饵及水质状况，定期排污、吸出残饵及排泄物，每隔 7 天换水 1/3，每 15 天用一次微生物制剂，保持良好的水质，使水中的溶氧保持在 6 毫克/升以上；水深保持在 50 厘米，水温保持在 20～26℃，防止昼夜水温温差过大，日变化不要超过 3℃。

三是做好其他管理工作。加强巡视工作，坚持早晚检查苗情，操作也要特别小心，避免对刚蜕壳的仔虾造成影响，并作好日常记录。水面上一定要有 1/3 左右的水浮莲，水底也要有水草，以增加幼虾蜕壳时的附着物和隐蔽的地方，也便于通过水浮莲抽苗检查掌握幼虾的生长情况。另外，进水口加栅栏和过滤网，防止幼虾逃逸，防止敌害生物入池，尤其是要防止青蛙入池产卵，避免蝌蚪残食虾苗。

五、幼虾收获

幼虾在水泥池中精心培养 20 天左右，即可长到 3 厘米左右，此时可将幼虾收获投入到池塘中养殖。在水泥池中收获幼虾很简单，一是用密网片围绕水泥池拉网起捕；二是直接通过池底的阀门放水起捕，然后用抄网在出水口接住就行了，但要注意水流放得不能太快、太大、太急，否则会因水流的冲击力而对幼虾造成伤害。

第三节　土池培育

土池培育的原理、方法与水泥池相似，只是它的可控性和可操作性比较差一点。

一、培育池准备

1. 面积

以长方形为宜、东西向，长与宽的比例以 3∶2 为佳，面积 1.5～3 亩为好，不宜太大。

2. 条件

池埂坡度 1∶（3～4），蓄水深度能达到 1.5 米，正常保持在 1 米就可以了。池底部要平坦，以砂土为好，淤泥要少。在培育池的出水口一端要有 2～4 米^2 面积的集虾坑，进、排水系统要完善。

3. 防逃

土池四周可用钙塑板、石棉板、玻璃钢、白铁皮、尼龙薄膜或有机纱窗做防逃设施，高 50 厘米即可，防止敌害生物进入。

4. 水质

培育池可用河水、湖水、水库水等地表水作水源，要求水源充足，水质清新无任何污染，含氧量保持在 5 毫克/升以上，pH 值适宜为 7.0～9.0，最佳 7.5～8.5，透明度 35 厘米左右。进水口用 20～40 目筛网过滤进水，防止昆虫、小鱼虾及卵等敌害生物进入池中。

5. 清塘消毒

对老龄池塘应清淤晒塘。放虾苗前 15 天进行清池消毒，用生石灰溶水后全池泼洒，生石灰用量为 150 千克/亩。

6. 移植水草

培育池四周设置水花生带，带宽 50～80 厘米，也可移植和投放一定数量的沉水性及漂浮性植物，沉水性植物用菹草、金鱼藻、轮叶黑藻、眼子菜等，每亩可放 30 簇左右，每簇 5 千克左右。另外，用竹子将一定量的水葫芦和浮萍等漂浮性植物固定在培育池的角落或池边，对培育幼虾是极为有利的。水草移植面积占养殖总面积的 1/3 左右。池中还可设置一些水平垂直网片，增加幼虾栖息、蜕壳和隐蔽的场所。

7. 施肥培水

每亩施腐熟的人畜粪肥或草粪肥 400～500 千克，培育幼虾喜食的天然饵料，如轮虫、枝角类、桡足类等浮游生物，小型底栖动物及有机碎屑。

二、幼虾放养

放养方法和水泥池是一样的，幼虾规格也要保持一致，也要求体质健壮、无病无伤，只是密度不同而已，每亩放养幼虾约 10 万尾左右。放养时间要选择在晴天早晨或傍晚，要带水操作，将幼虾投放在浅水水草区。投放时动作要轻快，避免使幼虾受伤。

三、日常管理

日常管理是和水泥池培育相同的，也就是投喂、水质管理以及日常巡视等内容。

1. 饲料投喂

由于土池没有水泥池的可控性强，因此提前培育浮游生物是很有必要的。在放苗前 7 天向培育池内追施发酵过的有机草粪肥，培肥水质，促进枝角类和桡足类浮游动物的生长，为幼虾提供充足的天然饵料。在培育过程中主要投喂各种饵料，天然饲料主要有浮萍、水花生、苦草、野杂鱼、螺、蚌等，人工饲料主要有豆腐、豆渣、豆饼、麦子、配合饲料等。饲料要新鲜适口，严禁投喂腐败变质的饲料。

前期每天投喂 3～4 次，投喂的种类以鱼肉糜、绞碎的螺、蚌肉或天然水域捞取的枝角类和桡足类为主，也可投喂屠宰场和食品加工厂的下脚料、人工磨制的豆浆等。投喂量为每万尾幼虾 0.15～0.20 千克，沿池边多点片状投喂。饲养中后期要定时向池中投施腐熟的草粪肥，一般每半个月一次，每次每亩 100～150 千克。同时每天投喂 2～3 次人工糜状或软颗粒饲料，日投饲量为每万尾幼虾 0.3～0.5 千克，或按幼虾体重的 4%～8% 投饲。白天投喂占日投饵量的 40%，晚上占日投饵量的 60%，具体的投喂量要根据天气、水质和虾的摄食灵活掌握。

2. 水质调控

（1）注水与换水　培育过程中，要保持水质清新，溶氧充足，虾苗下塘后每周加注新水一次，每次 15 厘米，保持池水"肥、活、嫩、爽"，溶氧量在 5 毫克/升。

（2）调节 pH 值　每半月左右泼洒生石灰水一次，每次生石灰用量为 $10\sim15$ 克/米^3，进行池水水质调节，增加池水中离子钙的含量，提供幼虾在蜕壳生长时所需的钙质。

（3）日常管理　巡塘值班，早晚巡视，观察幼虾摄食、活动、蜕壳、水质变化等情况，发现异常及时采取措施。防逃防鼠，下雨加水时严防幼虾顶水逃逸。在池周设置防鼠网、灭鼠器械，防止老鼠捕食幼虾。

第四章　成虾的养殖

与其他虾类相比，小龙虾的成虾养殖具有六大特点：一是体大肥美，一般个体重 40～55 克，最大个体达 65 克左右；二是生长快、产量高，正常情况下，每年 8～9 月份放养亲虾，次年 5 月份就可以收获，而且具有一年放苗，多年受益的优点，每亩小龙虾产量 200 千克左右；三是生命力强、适应性广，纯淡水或半咸水都能生存，对恶劣的环境忍耐度高，离水后可存活 30 小时，耐长途运输，便于活虾上市；四是食性杂，饲料来源广；五是病害少，易养殖；六是易推广，经济效益显著，一般饲养水平，每亩纯收入 1500 元左右。所以说养殖小龙虾具有成本低、销路宽、收益快等优点，现在全国各地已经广为养殖。

第一节　池塘养殖小龙虾

小龙虾的池塘养殖是目前比较成功且效益较稳定的一种养殖模式，在池塘中的养殖也可以分为专养、套养、混养、轮养等多种类型。不同的类型所要求的池塘条件略有不同，掌握技术难易程度也不一样，产生的经济效益差别很大。根据各地虾农的宝贵经验，我们提倡小龙虾尽可能不要专养，而是采取与鱼类混养或套养的模式，特别是小龙虾与优质名贵鱼类混养效果相当明显。

一、池塘条件

1. 虾池选择

池塘的水质条件良好是高产高效的保证，饲养小龙虾的池塘要求水源充足，水质良好，符合养殖用水标准，池底平坦，底质以砂石或硬质土底为好，无渗漏，池坡土质较硬，底部淤泥层不超过 10 厘米，池塘保水性好，严防工业污染和农药污染。池埂顶宽 2.5 米以上，池壁坡度1∶3，池塘水面不宜过大，以 5～8 亩为宜，长方形，水深 1～1.5 米。池底应有不少于 1/5 面积的沉水植物或挺水植物区。

2. 进排水系统

饲养小龙虾的池塘要求进排水方便，对于大面积连片虾池的进、排水总渠应分开，按照高灌低排的格局，建好进、排水渠，做到灌得进，排得出，定期对进、排水总渠进行整修消毒。池塘的进、排水口应用双层密网防逃，同时也能有效地防止蛙卵、野杂鱼卵及幼体进入池塘危害蜕壳虾；为了防止夏天雨季冲毁堤埂，可以开设一个溢水口，溢水口也用双层密网过滤，防止幼虾乘机顶水逃走。

3. 虾池改造

对于面积 8 亩以下的小龙虾池，应改平底型为环沟型或井字型，池塘中间要多做几条塘中埂；对于面积 8 亩以上的小龙虾池，应改平底型为交错沟型。加大池埂坡比，池埂坡比 1∶（2.5～3）为宜。这些池塘改造工作应结合年底清塘清淤时一起进行。

4. 防逃设施

小龙虾逃逸能力比较强，做好防逃设施是必不可少的一项工作，尤其是虾种刚入池的第一个晚上和雨天，如果没有防逃设施，可以在一天内逃走80%左右。我们做过试验，在2007年7月24日，在一口面积1亩的小池塘里放养21千克小龙虾，没有安装防逃设施，在小池塘四周用8条又长又大的地笼捕捉，每一条地笼有24个小格门，第二天早晨倒出地笼里的小龙虾并称重，发现8笼共回捕17.3千克小龙虾，占所投放小龙虾的82.3%。因此，我们建议在小龙虾放养前一定要做好防逃设施。

常用的防逃设施有两种：一是安插高45厘米的硬质钙塑板作为防逃板，埋入田埂泥土中约15厘米，每隔100厘米处用一木桩固定，注意四角应做成弧形，防止小龙虾沿夹角攀爬外逃；第二种防逃设施是采用麻布网片或尼龙网片或有机纱窗和硬质塑料薄膜共同防逃，用高50厘米的有机纱窗围在池埂四周，用质量好的直径为4～5毫米的聚乙烯绳作为上纲，缝在网布的上缘，缝制时纲绳必须拉紧，针线从纲绳中穿过。然后选取长度为1.5～1.8米木桩或毛竹，削掉毛刺，打入泥土中的一端削成锥形，或锯成斜口，沿池埂将桩打入土中50～60厘米，桩间距3米左右，并使桩与桩之间呈直线排列，池塘拐角处呈圆弧形。将网的上纲固定在木桩上，使网高保持不低于40厘米，然后在网上部距顶端10厘米处再缝上一条宽25厘米的硬质塑料薄膜即可，针距以小虾逃不出为准，针线拉紧。

二、池塘的处理

决定池塘养殖小龙虾产量的最主要因素并不是池塘水体的容积，而是池塘的水平面积和池塘堤岸的曲折率。简单地说就是在相同容积的池塘，水体中水平面积越大，堤岸的边长越多，可供小龙虾打洞或栖息的场所越多，则可放养虾的数量越多，产量也就越高。因此，有条件的地方可在放虾前对池塘做一简易的处理，可大大提高池塘的载虾量，获得更高的经济效益。

根据相关资料表明，有一些地方是采取这样的措施来提高水体的水平面积的，在此特别借鉴一下，以供虾农朋友引用。在靠近池塘四周1～2米处用网片或竹席平行搭设2～3层平台，第一层设在水面下20厘米处，长200～300厘米、宽30～50厘米，第二层是设在第一层的下方，两层之间的距离为20～30厘米，每层平台均有斜坡通向池底，平行的两个平台之间要留100～200厘米的间隙，供小龙虾到浅水区活动。同时在池塘中间设置一定数量的垂直网片。我们认为这种方法是可行的，也是非常有效的。

还有一种方法就是在池塘中多筑几条塘间埂，埂与埂间的位置交错开，埂宽30厘米即可，只要略微露出水面即可。池塘中要有足够的隐蔽物，可以设置竹筒、瓦片、网片、砖块、石块、竹排、塑料筒、人工洞穴等隐蔽物体供其栖息穴居，一般每亩要设置3000个以上的人工巢穴。在实践中采用这种方法的养殖户产量都比较高。

三、池塘清整、消毒

新开挖的池塘要平整塘底，清整塘埂，使池底和池壁有良好的保水性能，尽可能减少池水的渗漏，旧塘要及时清除淤泥、晒塘和消毒，可有效杀灭池中的敌害生物（如鲶鱼、泥鳅、乌鳢、蛇、鼠等）、争食的野杂鱼类及一些致病菌。

（1）生石灰干法清塘　在虾苗虾种放养前 20～30 天，排干池水，保留淤泥 5 厘米左右，每亩用生石灰 75 千克，化水后趁热全池泼洒，最好用耙再耙一下效果更好，然后再经 3～5 天晒塘后，灌入新水。

（2）生石灰带水清塘　每亩水面水深 1 米时，用生石灰 150 千克溶于水中后，全池均匀泼洒。用带水法清塘虽然工作量大一点，但它的效果很好，可以把石灰水直接灌进池埂边的鼠洞、蛇洞里，能彻底地杀死病害。

（3）漂白粉清塘　在使用前先对漂白粉的有效含量进行测定，在有效范围内（含有效氯 30%），将漂白粉完全溶化后，全池均匀泼洒，用量为每亩 25 千克，漂白精用量减半。

（4）生石灰和茶碱混合清塘　此法适合池塘进水后用，把生石灰和茶碱放进水中溶解后，全池泼洒，生石灰每亩用量 50 千克，茶碱 10～15 千克。

另外，用茶饼清塘，效果也很好。

四、种植水草

"虾多少，看水草"，在水草多的池塘养殖小龙虾的成活率就非常高。水草是小龙虾隐蔽、栖息、蜕皮生长的理想场所，水草也能净化水质，减低水体的肥度，对提高水体透明度，促使水环境清新有重要作用。同时，在养殖过程中，有可能发生投喂饲料不足的情况，水草也可作为小龙虾的饲料。在实际养殖中，我们发现种植水草能有效提高小龙虾的成活率、养殖产量，产出优质商品虾。

小龙虾喜欢的水草种类有苦草、眼子菜、轮叶黑藻、金鱼藻、凤眼莲、水浮莲和水花生等以及陆生的草类。水草的种植可根据不同情况而有一定差异，一是沿池四周浅水处10%～20%面积种植水草，既可供小龙虾摄食，同时为虾提供了隐蔽、栖息的理想场所，也是小龙虾蜕壳的良好地方；二是在池塘中央可提前栽培伊乐藻或菹草；三是移植水花生或凤眼莲到水中央；四是临时放草把，方法是把水草扎成团，大小为1米^{2}左右，用绳子和石块固定在水底或浮在水面，每亩可放25处左右，每处8千克水草，用绳子系住，绳子另一端漂浮于水面或固定于水面；也可用草框把水花生、空心菜、水浮莲等固定在水中央。但所有的水草总面积要控制好，一般在池塘种植水草的面积以不超过池塘总面积的1/3为宜，否则会因水草种植面积过多，长得过度茂盛，在夜间使池水缺氧而影响小龙虾的正常生长。

五、进水和施肥

　　水源要求水质清新，溶氧充足，放苗前7～15天，加注新水50厘米。向池中注入新水时，要用40～80目纱布过滤，防止野杂鱼及鱼卵随水流进入饲养池中。池中进水50厘米后，施用发酵好的有机粪肥、草肥，如施发酵过的鸡、猪粪及青草绿肥等有机肥，施用量为每亩350千克左右，另加尿素0.5千克，使池水pH值在7.5～8.5之间，透明度30～40厘米，培育轮虫和枝角类、桡足类等浮游生物饵料，为幼虾入池后直接提供天然饵料。对于一些养殖老塘，由于塘底较肥，每亩可施过磷酸钙2～2.5千克，兑水全池泼洒。

六、投放螺蛳

螺蛳是小龙虾很重要的动物性饵料，在放养前必须放好螺蛳，每亩放养在200～300千克，以后根据需要逐步添加。投放螺蛳一方面可以净化底质，另一方面可以补充动物性饵料，还有就是螺蛳肉被吃完后留下的壳可以为水体提供一定量的钙质，能促进小龙虾的蜕壳。

投放螺蛳时要注意以下几点：一是投放时间以每年的清明节前为好，时间太早的话，没有这么多的螺蛳供应，时间太迟了，运输成活率低；二是在池塘投放时，最好用小船或木海将螺蛳均匀撒在池塘各个角落，一定要注意不能图省事将一袋螺蛳全部堆放在池塘的一个角落或一个点，这样的话，大量沉在底部的螺蛳会因缺氧而死亡，反而对池塘的水质造成污染；三是螺蛳入池后的10天内不要施化肥来培肥水质。

七、虾种放养

石灰水消毒待7～10天水质正常后即可放苗，具体的放养时间应根据不同的养殖模式而有一定的区别。

（1）虾种质量要求　一是体表光洁亮丽、肢体完整健全、无伤无病、体质健壮、生命力强；二是规格整齐，稚虾规格在1厘米以上，虾种规格在3厘米左右，同一池塘放养的虾苗虾种规格要一致，一次放足；三是虾苗虾种都是人工培育的。如果是野生虾种，应经过一段时间驯养后再放养，以免相互争斗残杀。

（2）放养密度　小龙虾具体的放养虾种密度还要取决于池子的环境条件、饵料来源、虾种来源和规格、水源条件、饲养管理技术等。总之，要根据当地实际，因地制宜，灵活机动地投放虾种。根据我们的经验，如果是自己培育的幼虾，则要求放养规格在 2～3 厘米，每亩放养14000～15000 尾。

（3）放养量的简易计算　虾池内幼虾的放养量可用下式进行计算：

$$幼虾放养量（尾）＝虾池面积（亩）×计划亩产量（千克/亩）×\frac{预计出池规格（尾/千克）}{预计成活率（\%）}$$

其中：计划亩产量是根据往年已达到的亩产量，结合当年养殖条件和采取的措施，预计可达到的亩产量，一般为 200 千克；预计成活率，一般可取 40%；预计出池规格，根据市场要求，一般为 30～40 尾/千克；计算出来的数据可取整数放养。

八、放养模式

小龙虾的池塘养殖模式有池塘单养和池塘混养或套养两类，根据实践情况，我们建议采取池塘混养或套养为宜。最好是采用秋季放养的模式，其次是采用春季放养或夏季放养模式。

1. 秋季放养模式

以放养当年培育的大规格虾苗或亲虾为主，放养时间为 8 月上旬至 9 月中旬。虾苗规格 1.2 厘米左右，每亩放养 3 万尾左右；亲虾规格 8 厘米左右，每亩放养20～25 千克，雌雄比例3∶1或 5∶2。第 2 年 3 月可用地笼等网具及时将繁殖过的亲虾起捕上市，获得好价格。翌年 4 月即可陆续起捕其他的虾上市，商品虾的体重可达 35～50 克/只。

2. 夏季放养模式

以放养当年孵化的第一批稚虾为主，放养时间在 6 月中旬，稚虾规格为 0.8～1 厘米。每亩放养 2 万尾，要投足饵料，当年 7 月下旬至 8 月上旬即可上市，商品虾的体重可达 20 克/只。

3. 春季放养模式

以放养当年不符合上市规格虾为主，每年的 3～4 月左右开始放养。规格为每千克 100～200 只，每亩放养 1.5 万尾。投放幼虾后还要适时追施发酵过的有机粪肥，培养天然饵料生物。初期水深保持在 30～60 厘米，后期因气温较高，应加高水位，通过调节水深来控制水温。经过快速养殖，到 5 月中下旬即可陆续起捕上市，商品虾的体重可达 30 克/只。

九、合理投饵

小龙虾食性杂，且比较贪食，喜食小杂鱼、螺蛳、黄豆，也食配合饵料、豆饼、花生饼、剁碎的空心菜及低值贝类等，这些饵料来源广、价格低、易解决。因此我们除"种草、投螺"外，还需要投喂饵料。饵料投喂应把握好以下几点：

1. 饵料种类

一是植物性饵料，有藻类、芜萍、紫萍、菜叶、水浮莲、水花生、水葫芦、伊乐藻、菹草、米糠、麦麸、黄豆、豆饼、小麦、玉米及嫩的青绿饵料，如南瓜、山芋、瓜皮等，需煮熟后投喂。

二是动物性饵料，有水蚤、剑水蚤、轮虫、原虫、水蚯蚓、孑孓、小杂鱼、动物内脏、蝇蛆、轧碎的螺蛳、河蚌肉、血块、血粉、鱼粉、蛋黄和蚕蛹等。

三是配合饲料。在饲料中必须添加蜕壳素、多种维生素、免疫多糖等，满足小龙虾的蜕壳需要，要求营养成分齐全，主要成分应包括蛋白质、糖类、脂肪、无机盐和维生素等五大类。

小龙虾全价配合饲料的配方是根据小龙虾的营养需求而设计的，下面列出几种配方仅供参考：

（1）苗种饲料

① 鱼粉 70%、豆粕 6%、酵母 3%、α-淀粉 17%、矿物质 1%、其他添加剂 3%。

② 鱼粉 70%、蚕蛹粉 5%、血粉 1%、啤酒酵母 2%、α-淀粉 20%、复合维生素 1%、矿物质 1%。

③ 麦麸 30%、豆饼 20%、鱼粉 50%、维生素和矿物质适量。

（2）成虾饲料

① 鱼粉 60%、α-淀粉 22%、大豆蛋白 6%、啤酒酵母 3%、引诱剂 3.1%、维生素添加剂 2%、矿物质添加剂 3%、食盐 0.9%。

② 鱼粉 65%、α-淀粉 22%、大豆蛋白 4.4%、啤酒酵母 3%、活性小麦筋粉 2%、氯化胆碱（含量为 50%）0.3%、维生素添加剂 1%、矿物质添加剂 2.3%。

2. 投喂量

虾苗刚下塘时，日投饵量每亩为 0.5 千克。暂养的小虾要日投 3～4 次，投饲量为存池虾体重的 15% 左右。池塘养殖的虾，早晚各投 1 次，投饲量约占体重的 4%～7%。随着小龙虾的生长，要不断增加投喂量，具体的投喂量除了与天气、水温、水质等有关外，还要自己在生产实践中把握，这里介绍一种叫试差法的投喂方法。由于小龙虾是捕大留小的，虾农不可能准确掌握虾的存塘量，因此按生长量来计算投喂量是不准确的，我们在生产上建议虾农采用试差法来掌握投喂量。在第二天喂食前先查一下前一天所喂的饵料情况，如果没有剩下，说明基本上够吃了；如果剩下不少，说明投喂得过多了，一定要将饵量减下来；如果看到饵料没有，且饵料投喂点旁边有小龙虾爬动的痕迹，说明上次投饵少了一点，需要加一点，如此三天就可以确定投饵量了。在没捕捞的情况下，隔三天增加10％的投饵量，如果捕大留小了，则要适当减少10％～20％的投饵量。

3. 投喂方法

一般每天两次，分上午、傍晚投放，投喂以傍晚为主，投喂量要占到全天投喂量的60％～70％。饲料投喂要采取"四定"、"四看"的方法。投喂时品种应经常变换，以诱小龙虾摄食。

由于小龙虾喜欢在浅水处觅食，因此在投喂时，应在岸边和浅水处多点均匀投喂，也可在池四周增设饵料台，以便观察虾吃食情况。

4. "四看"投饵

(1) 看季节　5月中旬前动、植物性饵料比为60：40；5～8月中旬，为45：55；8月下旬至10月中旬为65：35。

(2) 看实际情况　连续阴雨天气或水质过浓，可以少投喂，天气晴好时适当多投喂；大批虾蜕壳时少投喂，蜕壳后多投喂；虾发病季节少投喂，生长正常时多投喂。既要让虾吃饱吃好，又要减少浪费，提高饲料利用率。

（3）看水色　透明度大于50厘米时可多投，少于20厘米时应少投，并及时换水。

（4）看摄食活动　发现过夜剩余饵料应减少投饵量。

5."四定"投饵

（1）定时　每天两次，最好定到准确时间，调整时间宜半月甚至更长时间才能进行。

（2）定位　沿池边浅水区定点"一"字形摊放，每间隔20厘米设一投饵点。

（3）定质　青、粗、精结合，确保新鲜适口，建议投配合饵料，全价颗粒饵料，严禁投腐败变质饵料，其中动物性饵料占40%，粗料占25%，青料占35%。动物下脚料最好是煮熟后投喂，在池中水草不足的情况下，一定要添加陆生草类的投喂，夏季要捞掉吃不完的草，以免腐烂影响水质。

（4）定量　日投饵量的确定按前文叙述。

十、水质管理

1.冲水换水

虽然小龙虾对水质要求不高，无需经常换水，但潘志远和涂桂萍根据试验发现，要取得高产，同时保证商品虾的优质，必须经常冲水和换水。流水可刺激小龙虾蜕壳，加快生长；换水可减少水中悬浮物，使水质清新，保持丰富的溶氧。在这种条件下生长的小龙虾个体饱满，背甲光泽度强，腹部无污物，因而价格较高。所以冲水和换水是养殖小龙虾取得高产的必备条件。

2.水质调控

强化水质管理，要求保持"肥、爽、活、嫩"。前期以肥水为主，透明度为25厘米，中后期通过加水和换水，以间隔15天为一次，每次换水1/3，透明度为30～40厘米。高温季节有条件都要经常适当换水，换水时间掌握在下午1～3时或下半夜这两个时间比较适宜。一来可以使池水保持恒定的温度，二来可以增加水中溶氧。气压低时最好开动增氧机增氧，有条件的地方应提供微流水养殖。5月中旬至9月中旬使用微生物制剂，根据水质具体情况，适时投放定量的光合细菌浓缩菌液，每月一次，以调节水质，利用晴天中午开动增氧机1～2小时，增加池中溶氧，消除水体中的氨氮等有害物。定期使用生石灰，中后期间隔15～20天，每亩1米水深用量5～7.5千克，保持虾池溶氧量在5克/升以上，池水pH值7.5～8.5之间。保持水位稳定，不能忽高忽低。

3. 底质调控

适量投饵，减少剩余残饵沉底；定期使用底质改良剂（如投放过氧化钙、沸石等，投放光合细菌，活菌制剂）。晴天采用机械池内搅动底质，每2周一次，促进池泥有机物氧化分解。

十一、日常管理

（1）建立巡池检查制度　勤做巡池工作，发现异常及时采取对策，早晨主要检查有无残饵，以便调整当天的投饵量，中午测定水温、pH值、氨氮、亚硝酸氮等有害物，观察池水变化，傍晚或夜间主要是观察了解小龙虾活动及吃食情况，发现池四角及水葫芦等水草上有很多虾往上爬等异常现象，多数是因缺氧引起，要及时充氧或换水。经常检查维修加固防逃设施，台风暴雨时应特别注意做好防逃工作。

（2）加强蜕壳虾管理　通过投饲、换水等措施，促进小龙虾群体集中蜕壳。蜕壳后及时添加优质饲料，严防因饲料不足而引发小龙虾之间的相互残杀。

（3）补施追肥　饲养期间，要视池水透明度适时补施追肥，一般每半月补施一次追肥，追肥以发酵过的有机粪肥为主，施肥量为每亩 15～20 千克。

（4）加强栖息蜕壳场所管理　虾池中始终保持有较多水生植物。大批虾蜕壳时严禁干扰，蜕壳后立即增喂优质适口饲料，防止相互残杀，促进生长。

（5）水草的管理　根据水草的长势，及时在浮植区内泼洒速效肥料。肥液浓度不宜过大，以免造成肥害。如果水花生高达 25～30 厘米时，就要及时收割，收割时须留茬 5 厘米左右。其他的水生植物，亦要保持合适的面积与密度。

（6）其他　汛期加强检查，防止池埂被水冲毁而发生逃虾事件；水草中若有小龙虾残体出现，说明有水老鼠、青蛙、蛇等敌害存在，应采取防敌害措施；要防止农药对小龙虾的毒害，若利用农田的水灌池时，在农田施药期间应严禁田水流入养虾池中；严防逃虾、防偷、防池水被外来物质污染和缺氧、防漏水以及记载饲养管理日志等工作，亦须认真做好。

十二、防治敌害和病害

对病害防治，在整个养殖过程中，始终坚持预防为主、治疗为辅的原则。预防方法主要有干塘清淤和消毒；

种植水草和移植螺蚬；苗种检疫和消毒；调控水质和改善底质。

敌害主要有老鼠、青蛙、蟾蜍、水蜈蚣、蛇及水鸟等，平时及时做好灭鼠工作，春夏季需经常清除池内蛙卵、蝌蚪等。我们在全椒县的赤镇发现，水鸟和麻雀都喜欢啄食刚蜕壳后的软壳虾，因此一定要注意及时驱除水鸟和麻雀。

小龙虾的疾病目前发现很少，但也不可掉以轻心，目前发现的主要是纤毛虫的寄生。因此要抓好定期预防消毒工作，在放苗前，池塘要进行严格的消毒处理，放养虾种时用5％食盐水浴洗5分钟，严防病原体带入池内，采用生态防治方法，严格落实"以防为主、防重于治"的原则。每隔15天用生石灰10～15千克/亩溶水全池泼洒，不但起到防病治病的目的，还有利于小龙虾的蜕壳。在夏季高温季节，每隔15天，在饵料中添加多维素、钙片等药物以增强小龙虾的免疫力。

十三、捕捞

小龙虾生长速度较快，经1～2个月人工饲养成虾规格达30克以上时，即可捕捞上市。为了获得更高的养殖效益，小龙虾的捕捞期应根据市场情况和虾体规格而定。在生产上，小龙虾从3月中下旬就可以用虾篓或地笼捕大留小了，规格大的上市，小的放回水体继续养殖，收获以夜间昏暗时为好，对达到规格的虾要及时捕捞，可以降低存塘虾的密度，有利于加速生长。到9月上旬，小龙虾就到了食用淡季，此时小龙虾壳硬肉少，不受市民欢迎，市场上的供应数量也会大大减少，价格很低，也不好卖，所以此时就要逐渐停止捕捞。

当水温低于 12～13℃时可将虾全部捕获。小规格虾进入越冬池，控温 10～15℃，留等第二年再养殖。亲虾进入产卵池培育。

由于小龙虾喜欢生长在杂草丛中，加上池底不可能非常平坦，小龙虾又具有打洞的习性，因此，根据小龙虾的生物学特性，可采用以下几种捕捞方法：

1. 地笼张捕

最有效的捕捞方式是用地笼张捕。地笼网是最常用的捕捞工具，每只地笼长约 10～20 米，分成 10～20 个方形的格子，每只格子间隔的地方两面带倒刺，笼子上方织有遮挡网，地笼的两头分别圈为圆形，地笼网以有结网为好。

头天下午或傍晚把地笼放入池边浅水中或者是水草茂盛处，里面放进腥味较浓的鱼块、鸡肠等作诱饵效果更好，网衣尾部露出水面。傍晚时分，小龙虾出来寻食时，闻到腥味，寻味而至，碰到笼子后，笼子上方有网挡着，爬不上去，便四处找入口，就钻进了笼子。进了笼子的虾子滑向笼子深处，成为笼中之虾。第二天早晨就可以从笼中倒出小龙虾，然后进行分级处理，大的按级别出售，小的继续饲养，这样一直可以持续上市到 10 月底。如果每次的捕捞量非常少时，可停止捕捞。这种捕捞法适宜捕捞野生小龙虾和在较大的池塘捕捞。

2. 手抄网捕捞

把虾网上方扎成四方形，下面留有带倒锥状的漏斗，沿虾塘边沿地带或水草丛生处，不断地用竿子赶，虾进入四方形抄网中，提起网，小龙虾就留在了网中。这种捕捞法适宜用在水浅而且小龙虾密集的地方，特别是在水草比较茂盛的地方效果非常好。

3. 干塘捕捉

抽干水塘的水，小龙虾便集中在塘底，用人工手拣的方式捕捉。要注意的是，抽水之前最好先将池边的水草清理干净，避免小龙虾躲藏在草丛中；抽水的速度最好快一点，以免小龙虾进洞。

4. 其他方法

其他捕捞方法还有用虾笼、手拉网等工具捕捞，也可放水刺激捕捉。

生产中一般先用地笼捕捞，等天气转冷，一般在 10 月份以后，小龙虾的运动量减少的时候再干塘捕捞。

第二节　池塘混养小龙虾

池塘混养是我国池塘养殖的特色，也是提高池塘水生经济动物产量的重要措施之一，混养可以合理利用饲料和水体，发挥养殖鱼、虾类之间的互利作用，降低养殖成本，提高养殖产量。

小龙虾可在家鱼亲鱼池、成鱼池中养殖或与其他鱼类混养，利用池塘野杂鱼、残饵为食，一般不需专门投饵，套养池面积不限。

一、混养池塘环境要求

池塘大小、位置、面积等条件应随主养鱼类而定，池底硬土质，无淤泥，池壁必须有坡度，且坡度要大于3∶1。

混养小龙虾的池塘必须是无污染的江、河、湖、库等大水体地表水作水源，池中的浮游动物、底栖动物、小鱼、小虾等天然饲料丰富。也可用地下水，地下水有如下优点：有固定的独立水源；没有病原体和野杂鱼；没有污染；全年温度相对稳定。

pH 值在 6.5～8.5 之间。溶解氧在 5 毫克/升以上，池塘中必要时要配备增氧机或其他增氧设备。池塘的防逃设施也要做好。

池塘要有良好的排灌系统，一端上部进水，另一端池底部排水，进排水口都要有防敌害、防逃网罩。

池塘底部应有约 1/5 底面积的沉水植物区，并有足够的人工隐蔽物，如废轮胎、网片、PVC 管、废瓦缸、竹排等。

二、小龙虾混养类型

小龙虾为底栖爬行动物，池塘单养使得池塘的大部分水体没有被充分利用而影响经济效益。因此我们主张鱼虾混养或多品种的混养、轮作，以提高池塘的利用率，提高经济效益。尤其是主养滤食性、草食性鱼类的池塘，因小龙虾与主养鱼类的食性、生活习性等几乎没有矛盾，不需要因为混养小龙虾而减少放养量。小龙虾混养类型一般有以下几种：

1. 以小龙虾为主，混养其他鱼类的混养方式

小龙虾在自然条件下以小鱼、小虾、水生昆虫、植物碎屑为食。养殖小龙虾的池塘，水体的上层空间和水体中

的浮游生物（尤其是浮游植物）没有得到充分利用，可以适当套养一些中上层滤食浮游生物的鱼类，如鲢鱼、鳙鱼，不仅可以控制水体浮游生物的过量繁殖，调节池塘的水质，改善小龙虾的生长环境，而且可作塘内缺氧的指示鱼类。但不要混养肉食性和吃食性鱼类，以免影响小龙虾生长。

在我国南方，由于适温期长，多采取这种方式。一般每亩放养规格为2~3厘米的虾种5000只，再混养花白鲢鱼种150~200尾（规格为20尾/千克），采用密养、捕大留小和不断稀疏的方法饲养。也可以采用另一种放养模式，即将小龙虾亲虾直接放养。将亲虾直接放入养殖池让其自然繁殖获取虾种，每亩投放抱孵亲虾20~25千克，每千克为30~40只。其他鱼种为鲢鱼250尾（规格为250克），鳙鱼30~40尾（规格为250克），草鱼50尾（规格为500克）。在混养的鱼类中，尽量不要投放鲤鱼、鲫鱼和罗非鱼（非洲鲫鱼）。因为在投喂饲料的情况下，投喂的饲料会被鲤鱼、鲫鱼和罗非鱼先行吃掉，这样会影响小龙虾的摄食和生长，降低产量。注意鱼种放养时，要用3%~5%的食盐水浸泡5~10分钟，并且先放小龙虾苗种，10~15天后再放其他鱼种，以利于小龙虾的生长。

2. 以其他鱼类为主，混养小龙虾的养殖方式

在常规成鱼池搭配小龙虾时，小龙虾可以一次放养，也可以多次轮捕轮放，捕大留小，这种混养方式的小龙虾产量也不低。根据不同主养鱼的生活习性和摄食特点，又分为以下几种：

（1）主养滤食性鱼类 在主养滤食性鱼类的池塘中混养小龙虾时，在不降低主养鱼放养量的情况下，放养

一定数量的小龙虾。放养密度随各地养殖方法而不同，一般每亩产 750 千克的高产鱼池中，每亩混养 3 厘米的虾种 2000 尾或抱卵虾 5 千克，在鱼鸭混养的塘中绝对不能混养。

（2）主养草食性鱼类　草食性鱼类所排出的粪便具有肥水的作用，肥水中的浮游生物正好是鲢鱼、鳙鱼的饵料，俗话说"一草养三鲢"，主养草食性鱼类的池塘一般会搭配有鲢鱼、鳙鱼。搭配有鲢鱼、鳙鱼的池塘再混养小龙虾时，方法同（1）。

（3）主养杂食性鱼类　杂食性鱼类一般会和小龙虾在食性和生态位上相矛盾，因此，主养杂食性鱼类的池塘是不可以套养小龙虾的或只套养极少量的小龙虾。

（4）主养肉食性鱼类　主养凶猛肉食性鱼类的池塘，其水质状况良好，溶氧丰富，在饲养的中后期，由于主养的鱼类鱼体已经较大，很少再去利用池塘中的天然饲料；加上投喂主养鱼的剩余饲料可以很好地被小龙虾摄食利用。再者经过作者多年的试验，凶猛性鱼类在投喂充足的情况下，几乎不会主动摄食河蟹和小龙虾，具体原因有待研究。因此，主养凶猛肉食性鱼类的成鱼池塘中混养小龙虾时，放养量可以适当增加，每亩可放养规格为 3 厘米左右的小龙虾 3000 尾或抱卵虾 8～10 千克。小龙虾下池的时间一般应在主养鱼类下池 1～2 周之后。此时，主养鱼对人工配合颗粒饲料有了一定的依赖性。

三、四大家鱼亲鱼塘混养小龙虾

这种模式主要适合于四大家鱼人工繁殖为主而且规模较大的养殖场。亲鱼塘一般具有面积大、池水深、水质较好和放养密度相对较低等特点，在充分利用有效水体和不影响亲鱼生长的情况下，适当混养小龙虾，既可消灭池中小杂鱼，又可增加经济收入。

1. 池塘条件

要选择水源充足、水质良好，水深为 1.5 米以上的成鱼养殖池塘。

2. 放养时间

小龙虾的放养时间一般在四大家鱼人工繁殖后，约 5 月中旬进行。

3. 放养模式及数量

每亩放养虾种 3000 尾，亩产商品小龙虾 30 千克左右，如以鲢鱼或鳙鱼为主养鱼的亲鱼池，每亩放养数量还可增加。若是以后备亲鱼为主的池塘，可在 6 月底至 7 月初每亩投放草鱼夏花鱼种 1000 尾。

4. 饲料投喂

根据放养量和池塘本身的资源条件来确定。一般不需投饵，混养的小龙虾以池塘中的野杂鱼和其他主养鱼吃剩的饲料为食，如发现鱼塘中确实饵料不足可适当投喂。

5. 日常管理

① 每天坚持早晚各巡塘一次，早上观察有无鱼浮头现象。如浮头过久，应适时加注新水或开动增氧机，下午检查鱼吃食情况，以确定次日投饵量。另外，酷热季节，天气突变时，应加强夜间巡塘，防止意外。

② 适时注水，改善水质，一般 15～20 天加注新水一次，天气干旱时，应增加注水次数，如果鱼塘载体量高，必须配备增氧机，并科学使用增氧机。

③ 定期检查鱼生长情况，如发现生长缓慢，则须加

强投喂。

④ 做好病害防治工作，虾下塘前要用3％的食盐水浸浴10分钟或用防水霉菌的药物浸浴。5月、7月、9月用杀虫药全池泼洒各一次，防止纤毛虫等寄生虫侵害。

四、鱼种池混养小龙虾

小龙虾与鱼种混养，是在培育鱼苗、鱼种的基础上，增投适当数量的小龙虾幼虾，以达到每亩产小龙虾60千克左右，同时产大规格鱼种500千克左右的结果，这种模式主要适合于鱼种池养殖2龄大规格鱼种为主来混养小龙虾的养殖场。鱼种池具有面积不大、池水较深、水质较好等特点，在充分利用有效水体和不影响鱼种生长的情况下，适当混养小龙虾，既可消灭池中小杂鱼，又可增加经济收入。

1. 池塘条件

池塘要选择水源充足、水质良好，水深为1.5～2米的鱼种养殖池塘。

2. 放养时间

小龙虾的放养时间一般在3月左右进行。鱼苗放养则在5月下旬至6月中旬为宜。

3. 放养模式及数量

每亩放养3厘米的幼虾6000尾，每亩投放草鱼、鲢鱼、鳙鱼的水花2万尾、夏花鱼种各800尾。

4. 饲料投喂

投放鱼种以后，投喂主要按培育鱼苗、鱼种的方法，只是在每天傍晚对虾投喂一次，对虾的日投喂量以池塘存虾总量的3％～5％增减。

5. 日常管理

① 每天坚持早晚各巡塘一次，酷热季节，天气突变时，应加强夜间巡塘，防止意外。

② 适时注水，改善水质，一般15～20天加注新水一次，天气干旱时，应增加注水次数。

③ 定期检查鱼和虾的生长情况，如发现生长缓慢，则须加强投喂。

④ 做好病害防治工作，虾下塘前要用3%的食盐水浸浴10分钟或用防水霉菌的药物浸浴。5月、7月、9月用杀虫药全池泼洒各一次，防止纤毛虫等寄生虫侵害。

⑤ 及时捕捞，小龙虾的捕捞方法可用地笼捕虾和拉网捕虾，7月底至8月中旬基本捕完。虾捕获以后，鱼苗、鱼种继续在池塘内养殖。

五、四大家鱼成鱼养殖池混养小龙虾

在小龙虾养殖的基础上，投放适当数量的大规格鱼种混养成鱼，从而达到每亩产小龙虾100千克以上，同时产商品成鱼350千克以上的目标产量。这种养殖模式主要适合于一般的常规成鱼养殖，根据各种鱼类的食性和栖息习性不同进行搭配混养，是一种比较经济合理的养殖方式。成鱼塘一般小杂鱼类较多，是小龙虾的适口鲜活饵料，混养小龙虾后有利于逐步清除小杂鱼，减轻池中溶解氧消耗、争食等弊端，同时可增加单位产量。

这种混养模式目前在各地都被普遍采用，尤其适合于中小型养殖户，其优点是管理方便，不影响其他鱼类生长。此种模式的养殖要注意的一是鱼种的数量不要放得太多，二是一定要配备增氧机。

1. 池塘条件

池塘要选择水源充足、水质良好，水深为 1.5 米以上的成鱼养殖池塘。

2. 放养时间

虾种放养应以秋放时间为好，一般在 8～9 月放养。投放的鱼种可选择团头鲂、花鲢、白鲢等，投放鱼种的时间可放在冬、春季。放养时应用药物杀菌消毒，主要防止水霉菌感染，一般用食盐或抗水霉菌鱼药即可。

3. 放养模式及数量

虾种规格一般要求 2 厘米以上，每亩 3000 尾。鱼种的规格和数量为：投放 50～100 克的团头鲂鱼种 300 尾，50～100 克的鳙鱼种 80 尾，50～100 克的白鲢 200 尾。

4. 饲料投喂

小龙虾每日投喂 1～2 次，有条件的可在午夜时再投喂一次，小龙虾的日投喂量以池塘存虾总量的 3%～5% 增减。有的池塘本身资源条件比较好，天然饵料充足，混养的小龙虾以池塘中的野杂鱼和其他主养鱼吃剩的饲料为食，一般不需投饵，如发现鱼塘中确实饵料不足可适当投喂。对鱼投喂要定点、定时、定质、定量，每日投喂 2～3 次。

5. 日常管理

① 每天坚持早晚各巡塘一次，早上观察有无鱼浮头现象，如浮头过久，应适时加注新水或开动增氧机，下午检查鱼吃食情况，以确定次日投饵量。另外，酷热季节，天气突变时，应加强夜间巡塘，防止意外。

② 适时注水，改善水质，一般 15～20 天加注新水一次，天气干旱时，应增加注水次数，如果鱼塘载体量高，

必须配备增氧机，并科学使用增氧机。

③ 定期检查鱼生长情况，如发现生长缓慢，则须加强投喂。

六、小龙虾和鲌鱼混养

这种养殖模式主要是根据小龙虾单养产量较低，水体利用率偏低，池塘中野杂鱼多且小龙虾和翘嘴红鲌之间栖息习性不同等特点而设计，进行小龙虾、鲌鱼混养，可有效地使养虾水域中的野杂鱼转化为保持野生品味的优质鲌鱼，这种模式可提高水体利用率。

另一个原理就是利用双方的养殖周期不同而设计的，小龙虾的养殖周期是从当年的9月份放养虾种开始，到第2年的7月份起捕完毕为止。在这段时间后，小龙虾从下塘就进入打洞和繁殖时期，基本上不在洞外活动，而此时正是鲌鱼生长发育的大好时机。待进入小龙虾的生长旺季和捕捞旺季的3～7月份，鲌鱼正处于繁殖状态，可另塘培育。

1. 池塘条件

可利用原有蟹池或小龙虾池，也可利用养鱼塘加以改造。池塘要选择水源充足、水质良好，水深为1.5米以上，水草覆盖率达35%。

2. 准备工作

（1）清整池塘　主要是加固塘埂，浅水塘改造成深水塘，使池塘能保持水深达到1.8米以上。消毒清淤后，每亩用生石灰75～100千克化浆全池泼洒，将生石灰溶化后不得冷却即进行全池泼洒，以杀灭黑鱼、黄鳝及池塘内的病原体等敌害。

（2）进水　在虾种或翘嘴红鲌鱼种投放前 20 天即可进水，水深达到 50～60 厘米。进水时可用 60 目筛绢布严格过滤。

（3）种草　投放虾种前应移植水草，使小龙虾有良好的栖息环境。水草培植一般可播种苦草、移栽伊乐藻、轮叶黑藻、金鱼藻及聚草等。种植苦草，用种量每亩水面 400～750 克，从 4 月 10 日开始分批播种，每批间隔 10 天。播种期间水深控制在 30～60 厘米，苦草发芽及幼苗期，应投喂土豆（丝）等植物性饲料，减少小龙虾对草芽的破坏。种植伊乐藻 100 千克/亩，对于水草难以培植的塘口，可在 12 月份移植伊乐藻，行距 2 米，株距 0.5～1 米。整个养殖期间水草总量应控制在池塘总面积的 50%～70%。水草过少要及时补充移植，过多应及时清除。

投螺：放养螺蛳 500 千克/亩。

3. 防逃设施

做好小龙虾的防逃工作是至关重要的，具体的防逃工作和设施应和上文一样，切不可以为小龙虾不会跑而不设置防逃设施。

4. 放养时间

小龙虾放养是以抱卵虾为主，要求体色鲜亮，无残无病，活动力强，第二性征明显。不宜放养幼虾，实践证明，如果在第二年放养幼虾苗，成活率仅能保证在 25% 左右，因此建议投放上年的抱卵虾，时间在上年的 9～10 月底之前进行，鲌鱼种放养时间，宜在 8 月 1 日前进行，宜放养夏花。

5. 苗种放前

翘嘴红鲌冬片放养时间为当年 12 月至翌年 3 月底之

前。小龙虾的苗种放养有两种方式：一是放养 3 厘米的幼虾，亩放 0.5 万尾，时间在春季 4 月，当年 6 月就可成为大规格商品虾；另一种就是在秋季 8～9 月放养抱卵虾，亩放 18 千克左右，翌年 4 月底就可以陆续出售商品虾，而且全年都有虾出售，我们建议采用这一种方法。放养 2～4 厘米规格的鲌鱼种，池塘每亩投放 700～800 尾。另外，可放养 3～4 厘米规格夏花 500～1000 尾，搭配放养白鲢鱼种 20 尾/亩，花鲢鱼种 40 尾/亩。

6. 饲料投喂

鲌鱼饲料的来源有五个方面，一是水域中的野杂鱼和活螺蛳；二是水域中培育的饵料鱼；三是饲养管理过程中补充饵料鱼。在生长后期饵料鱼不足时，应补充足量饵料鱼供鲌鱼及小龙虾摄食；四是投喂配合饲料；五是投放植物性饲料，以水草、玉米、蚕豆、南瓜为主。

投喂量则主要根据小龙虾、鲌两者体重计算，每日投喂 2～3 次，投饵率一般掌握在 5%～8%，具体视水温、水质、天气变化等情况调整。投喂饲料时翘嘴红鲌一般只吃浮在水面上的饲料，投放进去的部分饲料因来不及被鱼吃掉而沉入水底，而小龙虾则喜欢在水底吃食。

7. 日常管理

（1）水质管理　水质要保持清新，时常注入新水，使水质保持高溶氧。水位随水温的升高而逐渐增加，池塘前期水温较低时，水宜浅，水深可保持在 50 厘米，使水温快速提高，促进小龙虾蜕壳生长。随着水温升高，水深应逐渐加深至 1.5 米，底部形成相对低温层。水质要保持清新，水色清澈，透明度在 35～40 厘米，夏季坚持勤加水，以改善水体环境，使水质保持高溶氧。

（2）病害防治　对虾、鲌病防治主要以防为主，防治结合，重视生态防病，以营造良好生态环境，从而减少疾病发生。平时要定期泼洒生石灰、磷酸二氢钙以改善水质，如果发病，用药要注意兼顾小龙虾、翘嘴红鲌对药物的敏感性。

（3）加强巡塘　一是观察水色，注意虾和鲌鱼的动态，检查水质，观察小龙虾摄食情况和池中的饵料鱼数量；二是大风大雨过后及时检查防逃设施，如有破损及时修补，如有蛙、蛇等敌害及时清除，观察残饵情况，及时调整投喂量，并详细记录养殖日记，以随时采取应对措施。

（4）施肥　水草生长期间或缺磷的水域，应每隔10天左右施一次磷肥，每次每亩1.5千克，以促进水生动物和水草的生长。

8. 捕捞销售

进入第2年的3月底就可以开始捕捞上市，一直进行到7月份，以3月份刚上市时价格最高。捕捞方法是用地笼等渔具捕捞小龙虾。翘嘴红鲌的捕捞可采用网捕或干塘捕捉。

七、虾、鲌、蚌的混养

这种养殖模式主要是根据小龙虾单养产量较低，水体利用率偏低，池塘中野杂鱼多且小龙虾、珍珠蚌和翘嘴红鲌之间食性、栖息习性不同等特点而设计。

1. 池塘条件

可利用原有虾池或蟹池，也可利用养鱼塘加以改造。要选择水源充足、水质良好、水深为1.5米以上的池塘。

2. 准备工作

（1）清整池塘　利用冬闲季节，将池塘中过多淤泥清出，干塘冻晒。加固塘埂，使池塘能保持水深达到 1.8 米以上。消毒清淤后，每亩用生石灰 75～100 千克化浆全池泼洒，以杀灭黑鱼等敌害。

（2）进水　在虾种或鱼种投放前 20 天即可进水，水深达到 50～60 厘米。进水时可用 60 目筛绢布严格过滤。

（3）种草　同前文所述。

3. 防逃设施

做好防逃工作是至关重要的，具体的防逃工作和设施和前文一样，不可放松。

4. 苗种放前

河蚌和翘嘴红鲌放养时间宜在 4 月 1 日前后。小龙虾的苗种放养有两种方式：一是放养 3 厘米的幼虾，亩放 0.5 万尾，时间在春季 4 月，当年 6 月就可成为大规格商品虾；另一种就是在秋季 8～9 月放养抱卵虾，亩放 18 千克左右，翌年 4 月底就可以陆续出售商品虾，而且全年都有虾出售。建议采用第二种方法。另外，可放养 3～4 厘米规格夏花 500～1000 尾，河蚌幼苗 250 千克。

5. 饲料投喂

饲料的来源：一是水域中的野杂鱼；二是水域中培育的饵料鱼；三是饲养管理过程中补充饵料鱼；四是剖杀河蚌供小龙虾和鲌鱼共同摄食；五是投喂配合饵料，投喂量则主要根据小龙虾、鲌两者体重计算，每日投喂 2～3 次，投饵率一般掌握在 5%～8%，具体视水温、水质、天气变化等情况调整。另外，河蚌在繁殖时产出的幼蚌可为小龙虾提供充足的动物性天然饵料，三者饲养各取所需，可以收到养殖大丰收的效果。

6．日常管理

（1）水质管理 水质要保持清新，时常注入新水，使水质保持高溶氧。池塘前期水温较低时，水宜浅，水深可保持在 50 厘米，使水温快速提高，促进小龙虾蜕壳生长。随着水温升高，水深应逐渐加深至 1.5 米，底部形成相对低温层。

（2）施肥 水草生长期间或缺磷的水域，应每隔 10 天左右施一次磷肥，每次每亩 1.5 千克，以促进水生动物和水草的生长。

（3）巡塘 每日巡塘，主要是检查水质，观察小龙虾摄食情况和池中的饵料鱼数量，及时调整投喂量；大风大雨过后及时检查防逃设施，如有破损及时修补，有蛙、蛇等敌害及时清除。大水面要防逃、防漏洞。

（4）病害防治 重视生态防病，如果发病，用药要注意兼顾小龙虾、翘嘴红鲌、河蚌对药物的敏感性。

7．捕捞销售

进入 5～9 月份，可用地笼等渔具长期捕捞，实施轮捕轮放。11 月份后，可干塘捕捉将鲌鱼转塘或上市。最后用脚踩手摸的方法取出河蚌暂养，最好在春节前后出售，此时价格非常高。此时的小龙虾基本上全部进入洞穴中产卵孵化了，不要轻易掘洞惊扰它们。

八、小龙虾和鳜鱼混养

这种养殖模式主要是根据小龙虾单养产量较低、水体利用率偏低、池塘中野杂鱼多、小龙虾和鳜鱼之间栖息习性不同等特点而设计，进行小龙虾、鳜鱼混养，可有效地在养虾水域中生产出品味优质的鳜鱼，这种模式可提高水体利用率。

另外，可利用双方的养殖周期不同进行设计，小龙虾的养殖周期是从当年的 9 月份放养虾种开始，到第 2 年的 7 月份起捕完毕为止。在这段时间后，小龙虾从下塘就进入打洞和繁殖时期，基本上不在洞外活动，而此时正是鳜鱼生长发育的大好时机。待进入小龙虾的生长旺季和捕捞旺季的 3～7 月份，鳜鱼正处于繁殖状态，可另塘培育。

1. 池塘条件

可利用原有鳜鱼池或小龙虾池，也可利用养鱼塘加以改造。要选择水源充足、水质良好，水深为 1.5 米以上，水草覆盖率达 25％左右的池塘。

2. 准备工作

（1）清整池塘　主要是加固塘埂，浅水塘改造成深水塘，使池塘能保持水深达到 2 米以上。消毒清淤后，每亩用生石灰 75～100 千克化浆全池泼洒，杀灭黑鱼、黄鳝及池塘内的病原体等敌害。

（2）进水　在虾种或鳜鱼鱼种投放前 20 天即可进水，水深达到 50～60 厘米。进水时可用 60 目筛绢布严格过滤。

（3）种草　投放虾种前应移植水草，使小龙虾有良好栖息环境。水草培植一般可播种苦草、伊乐藻、轮叶黑藻、金鱼藻等。

（4）投螺　放养螺蛳 500 千克/亩。

3. 防逃设施

做好小龙虾的防逃工作是至关重要的，具体的防逃工作和设施应与上文一样。

4. 放养时间

小龙虾放养是以抱卵虾为主，不宜放养幼虾，时间在9～10月底之前进行，鳜鱼种放养时间宜在8月1日前进行。

5.苗种放养

小龙虾的苗种放养有两种方式：一是放养2～3厘米的幼虾，亩放0.5万尾，时间在春季4月，当年6月就可成为大规格商品虾；另一种就是在秋季8～9月放养抱卵虾，亩放20千克左右，翌年4月底就可以陆续出售商品虾，而且全年都有虾出售。建议采用第二种方法。放养2～4厘米规格的鳜鱼种，池塘每亩投放500尾。

6.饲料投喂

鳜鱼饵料的来源一是水域中的野杂鱼；二是水域中培育的饵料鱼或补充足量的饵料鱼供鳜鱼及小龙虾摄食。

投喂量则主要根据小龙虾体重计算，每日投喂2～3次，投饵率一般掌握在5%～8%，具体视水温、水质、天气变化等情况调整。

7.日常管理

加强水质管理，改善水体环境，使水质保持高溶氧状态。

（1）病害防治　对小龙虾、鳜鱼病防治主要以防为主，防治结合，重视生态防病，以营造良好生态环境从而减少疾病发生。平时要定期泼洒生石灰、磷酸二氢钙以改善水质，如果发病，用药要注意兼顾小龙虾、鳜鱼对药物的敏感性。

（2）加强巡塘　一是观察水色，注意小龙虾和鳜鱼的动态，检查水质、观察小龙虾摄食情况和池中的饵料鱼数量。二是大风大雨过后及时检查防逃设施，如有破损及时修补，如有蛙、蛇等敌害及时清除，并详细记录养殖日记，以随时采取应对措施。

（3）施肥　水草生长期间或缺磷的水域，应每隔10天左右施一次磷肥，每次每亩1.5千克，以促进水生动物和水草的生长。

九、小龙虾与河蟹混养

由于小龙虾会与河蟹争食、争氧、争水草，且两者都具有自残和互残的习性，传统养殖一直把小龙虾作为蟹池的敌害生物，认为在蟹池中套养小龙虾是有一定风险的，小龙虾会残食正在蜕壳的软壳蟹。但是从我们地区养殖实践来看，养蟹池塘套养小龙虾是可行的，并不影响河蟹的成活率和生长发育。

1. 池塘选择

池塘选择以养殖河蟹为主，要求水源充足，水质条件良好，池底平坦，底质以砂石或硬质土底为好，无渗漏，进排水方便，蟹池的进、排水总渠应分开，进、排水口应用双层密网防逃，同时也能有效地防止蛙卵、野杂鱼卵及幼体进入池塘危害蜕壳虾蟹。为了防止夏天雨季冲毁堤埂，可以开设一个溢水口，溢水口也用双层密网过滤，防止幼虾幼蟹乘机顶水逃走。

对于面积10亩以下的河蟹池，应改平底型为环沟型或井字型，池塘中间要多做几条塘中埂，埂与埂间的位置交错开，埂宽30厘米即可，只要略微露出水面即可。对于面积10亩以上的河蟹池，应改平底型为交错沟型。这些池塘改造工作应结合年底清塘清淤时一起进行。

2. 防逃设施

无论是养殖小龙虾还是河蟹,防逃设施是必不可少的一环。防逃设施常用的有两种:一是安插高 45 厘米的硬质钙塑板作为防逃板,注意四角应做成弧形,防止小龙虾沿夹角攀爬外逃;第二种是采用网片和硬质塑料薄膜共同防逃,既可防止小龙虾逃逸,又可防止敌害生物进入伤害幼虾。

3. 隐蔽设施

池塘中要有足够的隐蔽物,可以设置竹筒、瓦片、网片、砖块、石块、竹排、塑料筒、人工洞穴等隐蔽物体供其栖息穴居,一般每亩要设置 3000 个以上的人工巢穴。

4. 池塘清整、消毒

池塘要做好平整塘底,清整塘埂的工作,使池底和池壁有良好的保水性能,尽可能减少池水的渗漏。对旧塘进行清除淤泥、晒塘和消毒工作,可有效杀灭池中的敌害生物(如鲶鱼、泥鳅、乌鳢、蛇、鼠等)、争食的野杂鱼类及一些致病菌。

5. 种植水草

"蟹大小,看水草"、"虾多少,看水草",在水草多的池塘养殖河蟹和小龙虾的成活率非常高。水草是小龙虾和河蟹隐蔽、栖息、蜕皮生长的理想场所,水草也能净化水质,减低水体的肥度,对提高水体透明度,促使水环境清新有重要作用。同时,在养殖过程中,有可能发生投喂饲料不足的情况,由于河蟹和小龙虾都会摄食部分水草,因此水草也可作为河蟹和小龙虾的补充饲料。要保证蟹池中水草的种植量,水草覆盖面积要占整个池塘面积的 50%以上,这样可将河蟹和小龙虾相互之间的影响降到最低。小龙虾和河蟹最好在蟹池中水草长起来后再放入。

6. 投放螺蛳

螺蛳是河蟹和小龙虾很重要的动物性饵料，在放养前必须放足鲜活的螺蛳，每亩放养 200～400 千克。投放螺蛳一方面可以净化底质，另一方面可以补充动物性饵料，还有一点就是螺蛳肉被吃完后留下的壳可以为水体提供一定量的钙质，能促进河蟹和小龙虾的蜕壳。

7. 蟹、虾放养

石灰水消毒待 7～10 天水质正常后即可放苗。

蟹、虾的质量要求：一是体表光洁亮丽，肢体完整健全，无伤无病，体质健壮，生命力强；二是规格整齐，稚虾规格在 1 厘米以上，扣蟹规格在 80 只/千克左右。同一池塘放养的虾苗蟹种规格要一致，一次放足。

一般蟹池套养小龙虾每亩放虾苗 2000 尾，在 3 月左右投放；扣蟹 600 只，在 5 月左右投放，放养量不宜过多，否则会造成养殖失败。要注意的是蟹、虾放养前用 3%～5% 食盐水浴洗 10 分钟，杀灭寄生虫和致病菌。同时可适当混养一些鲢鳙鱼等中上层滤食性鱼类，以改善水质，充分利用饵料资源，而且可作塘内缺氧的指示鱼类。

8. 合理投饵

河蟹和小龙虾一样，都食性杂，且比较贪食，喜食小杂鱼、螺蛳、黄豆，也食配合饵料、豆饼、花生饼、剁碎的空心菜及低值贝类等饵料，让河蟹和小龙虾吃饱是避免河蟹和小龙虾自相残杀和互相残杀的重要措施，因此要准确掌握池塘中河蟹和小龙虾的数量，投足饵料。饵料投喂要掌握"两头精、中间粗"的原则。在大量投喂饵料的同时要注意调控好水质，避免大量投喂饵料造成水质恶化，引起虾、蟹死亡。

9. 管理

一是强化水质管理，保证溶氧充足，保持池水"肥、爽、活、嫩"。在小龙虾放养前期要注重培肥水质，适量施用一些基肥，培育小型浮游动物供小龙虾摄食。每15～20天换一次水，每次换水1/3。水质过肥时用生石灰消杀浮游生物，一般每20天泼洒一次生石灰水，每次每亩用生石灰10千克。

二是养殖期间要适时用地笼等将小龙虾捕大留小，以降低后期池塘中小龙虾的密度，保证河蟹生长。

三是加强蜕壳虾蟹的管理，通过投饲、换水等技术措施，促进河蟹和小龙虾群体集中蜕壳。在大批虾蟹蜕壳时严禁干扰，蜕壳后及时添加优质饲料，严防因饲料不足而引发虾蟹之间的相互残杀。

十、利用空池养小龙虾

现在许多养殖场由于养殖周期或资金周转的原因，一些养殖池一直处于空闲状态，如果将这些池塘进行充分利用，可以有效地提高养殖效益。其中最显著的就是当初养殖鳗、鳖的养殖场，目前由于鳗、鳖受到市场价格的冲击，许多地方鳗池、鳖池处于空置状态。鳖池在建设之初设计得比较科学，原来的一整套设施性能良好，既有防逃设施，又在池中设置了各种平台供鳖栖息、晒背，这种平台对于小龙虾而言是非常好的设施。所以，利用这些空池养殖小龙虾可以使其得到充分利用，这些池子无需改造，可直接用来养虾。

1. 清池消毒

对空闲养殖池要进行清理消毒后方可使用，每亩需用

100 千克左右的生石灰化水后趁热彻底清池消毒，以杀灭各种残留的病原体。也可用漂白粉或漂白精进行消毒。

2. 培肥

在预定投放虾苗前 10 天，将池子里的水先全部换掉，然后每亩用 250 千克腐熟的人粪尿或猪粪泼洒，再在池子的四角堆沤 500 千克的青草或其他菊科植物，以培育浮游生物，供虾苗下塘时食用。

3. 防逃设施的检查

养鳖、养鳗的池子，一般在当初建设时条件就比较好，有一套完善的防逃设施，在养殖小龙虾前要对这些防逃设施进行全面的检查，如果有破损处要及时修补或更换新的防逃设施。特别是进出水口也要检查，进出口处需用纱网拦好，一是可防止敌害生物进入池内危害幼虾和蜕壳虾，二也能防止小龙虾通过出口管道逃跑。

4. 隐蔽场所的增设

当初养殖鳗鱼或鳖的池塘，池底都会设置有大量的隐蔽场所，在养殖小龙虾时最好再放些石块、瓦片或旧轮胎、树枝、破旧网片等作为隐蔽物。

5. 水草栽培

水草既可供小龙虾摄食，同时又为虾提供了隐蔽、栖息的理想场所，也是小龙虾蜕壳的良好地方，可以减少残杀，增加成活率，所以在养殖小龙虾时是不可忽视的一项工作，对于利用养殖鳗鱼或鳖的空闲池塘而言，种植水草可能是最大的一个池塘改造工程了。

由于当初养殖鳗鱼或鳖的池塘大部分都是水泥池，要想在池中直接栽种水草是比较困难的，因此可以采取放草把的方法来满足小龙虾对水草的要求，方法是把水草扎成团，大小为 1 米^2 左右，用绳子和石块固定在水底或浮在水面，每亩可放 30 处左右，每处 10 千克水草，用绳子系住，绳子另一端漂浮于水面或固定于水面。也可用草框把水花生、空心菜、水浮莲等固定在水中央。要注意的是，这种吊放的水草是不易成活的，所以过一段时间发现水草死亡糜烂时，就要及时更换新的。也可以把水花生捆成条状用石块固定在池子的周边，水花生的成活率较高，可以减少经常更换水草的麻烦。如果是土池底，那就好办多了，可以按常规方法进行水草的栽培或移植。

水草总面积要控制在池子总面积的 1/3～1/4 为宜，不能过多，否则会覆盖住池子使池水内部缺氧而影响小龙虾的生长。

6. 放养密度

利用成鳗、成鳖池养殖小龙虾，每亩可投放 3 厘米左右的幼虾 1 万尾。

7. 饲料投喂

在投喂饲料时严格按"定质、定量、定点、定时"的技术要求进行，要保证有足够的营养全面的饲料。晚上投饲量应占全日的 70%～80%，每次投饲以吃完为度，一般仔虾投喂为池中虾体总重量为 15%～25%，成虾投喂量为 5%～10%。过多会造成池水恶化，饲料不足，易造成自相残杀。

8. 水位、水质的调控

养鳗和养鳖的池子水位一般都设计得不是太深，在 1.2 米左右，对于养殖小龙虾来说足够了，只要平时将虾池的水位保持在 1 米以上就行。

池水应保持一定的肥度，太清澈的水不利于小龙虾的生长。养鳗或养鳖池的进排水系统比较完备，要充分利用这种设施，在高温季节尽可能做到每天都适当换水，换水时间掌握在白天下午 1～3 时或晚上下半夜，一来可以使池水保持恒定的温度，二来可以增加水中溶氧，对于小龙虾的生长和蜕壳具有非常重要的作用。另外，池水中定期施用生石灰，使池水 pH 保持在 7～8 之间，中性偏碱的水质有利于小龙虾的生长与蜕壳。

9. 做好防暑降温工作

对于一些水位较浅的水泥池，夏季高温期可以在池面拉几条遮阴网，或水面多增放些水浮莲，池底多铺设一些隐蔽物就可以了。

10. 捕捞

利用这些空闲池养殖小龙虾，在起捕时是非常方便的，由于池里遍布各种隐蔽物，所以不可能用网捕。一般先用笼捕，最后直接放水干塘捕捞就可以了。

第三节　湖泊养小龙虾

一、湖泊的选择

在湖泊中养殖小龙虾，在国外早已有之，方法也很简单，但它对湖泊的类型有要求：一是草型湖泊；二是浅水型湖泊。那些又深又阔或者是过水性湖泊，则不宜养殖小龙虾。

草型湖泊网围养小龙虾是由网围养鱼发展而来的，这种形式与畜牧业上的圈养形式相似，它兼有野生自然增殖、捕捞和人工半精养相结合的优点，目前在长江中下游地区的草型湖泊发展十分迅速。

二、网围地点的选择

网围养虾的地点应选择在环境比较安静的湖湾地区，水位相对稳定，湖底平坦、风浪较小、水质清新、水流畅通，避免在河流的进出水口和水运交通频繁地段选点。要求周围水草和螺蚬等饵料丰富，无污染源，网围区内水草的覆盖率在50％以上，并选择一部分荚草、蒲草地段作为河蟹的隐蔽场所。湖岸线较长，坡底较平缓，常年水深在1米左右。

但是要注意水草的覆盖率不要超过70％。生产实践证明，水浅草多尤其是蒿草、芦苇、蒲草等挺水植物过密，水流不畅的湖湾岸滩浅水区，夏秋季节水草大量腐烂，水质变臭（渔民称酱油水、蒿黄水），分解出大量的硫化氢、氨、甲烷等有毒物质和气体，有机耗氧量增加，造成局部缺氧，引起养殖鱼类、小龙虾、珍珠蚌甚至螺蚬的大批死亡，这样的地方不宜养殖小龙虾。

三、网围设施

网围设施由拦网、石笼、竹桩、防逃网等部分组成。拦网用网目2厘米，3×3聚乙烯网片制作。网高2米，装有上下纲绳，上纲固定在竹桩上，下纲连接直径为12～15厘米的石笼，石笼内装小石子，每米5千克，踩入泥中。竹桩的毛竹长度要求在3米以上，围绕圈定的网围区范围，每隔2～3米插一根竹桩，要垂直向下插入泥中0.8米，作为拦网的支柱。防逃网连接在拦网的上纲，与拦网向下成 45°夹角，并用纲绳向内拉紧撑起，以防止小龙虾攀网外逃。为了检查小龙虾是否外逃，可以在网围区的外侧下一圈地笼。

网围区的形状以圆形、椭圆形、圆角长方形为最好，因为这种形状抗风能力较强，有利于水体交换，减少小龙虾在拐角处挖坑打洞和水草等漂浮物的堆积。每一个网围区的面积以 10～50 亩为宜。

四、除野

乌鱼、鲶鱼、蛇等是小龙虾的天敌，必须严格加以清除。因此，在下拦网前一定要用各种捕捞工具，密集驱赶野杂鱼类。最好还要用石灰水、巴豆等清塘药物进行泼洒，然后放网并把底纲的石笼踩实。

五、苗种放养

小龙虾的苗种放养有两种方式：一是放养 3 厘米的幼虾，亩放 0.5 万尾，时间在春季 4 月，当年 6 月就可成为大规格商品虾；另一种就是在秋季 8～9 月放养抱卵虾，亩放 25 千克左右，翌年 4 月底就可以陆续出售商品虾，而且全年都有虾出售。另外，可放养 3～4 厘米规格鲢鳙鱼夏花 500～1000 尾。

六、饲养管理

1. 合理投喂

在湖泊网围养虾的范围内，水草和螺蚬资源相当丰富，可以满足河蟹摄食和栖居的需要。经过调查发现，在水草种群比较丰富的条件下，小龙虾摄食水草有明显的选择性，爱吃沉水植物中的伊乐藻、菹草、轮叶黑藻、金鱼藻，不吃聚草，苦草也仅吃根部。因此，要及时补充一些小龙虾爱吃的水草。

小龙虾投饵时应尽可能多投喂一些动物性饵料，如小杂鱼、螺蚬类、蚌肉等。小龙虾摄食以夜间为主，一般每天投饵两次，上午投 1/3，下午投 2/3。

2. 日常管理

要坚持每天严格巡查网围区防逃设施是否完好。特别是虾种放养后的前 5 天，由于环境突变，小龙虾到处乱爬，最容易逃逸。另外，由于网围受到生物等诸多因素的影响造成破损，稍不注意，将造成小龙虾外逃。7～8 月份是洪涝汛期和台风多发季节，要做好网围设施的加固工作，还要备用一些网片、毛竹、石笼等材料，以便急用。网围周围放的地笼要坚持每天倒袋。如发现情况，及时采取措施。此外，还要把漂浮到拦网附近的水草及时捞掉，以利水体交换。如果发现网围区内水草过密，则要用刀割去一部分水草，形成 3～5 米的通道，每个通道的间距 20～30 米，以利水体交换。为了改善网围区内的水质条件，在高温季节，每半个月左右用生石灰水泼洒一次，每亩水面 20 千克左右。

在小龙虾生长期间严格禁止在养虾湖泊内捞草，以免伤害草中的虾，特别是蜕壳虾。

七、成虾捕捞

湖泊捕虾工具一般有虾簖（又称迷魂阵）、单层刺网、地笼等。进入 5～9 月份，可用地笼等渔具长期捕捞上市，实施轮捕轮放，以后每年只是收获，无须放种，人放天养。也可以少量补充放种，以稳定较高的虾产量。

八、小龙虾人工放流

小龙虾人工放流是指在面积较大的浅水湖泊、草型湖泊、沼泽地、低洼地以及季节性沟渠等水体放养小龙虾，放养模式是人放天收，一次放种，多年受益。放养的方法是在7～9月份按面积每亩投放亲虾15～20千克，平均规格35克左右，雌雄性比（2～3）：1。小龙虾人工放流时是不需要人工投喂的，这些小龙虾可以充分利用这些自然水域中的天然饵料来达到增殖的目的。从第2年的3月份开始用地笼捕捞，一直到10月份，以后每年都可以进行捕捞。

第四节　草荡养小龙虾

在渔业生产上，把利用芦荡、草滩、低洼地养小龙虾的做法统称为草荡养虾。草荡养虾类型多种多样，有的专门养殖小龙虾，有的进行鱼、虾混养，虾、蚌混养，有的进行鱼、虾、鳖、蚌综合养殖。

一、草荡养殖小龙虾的优势

草荡的生态条件虽较为复杂，但它具有养殖小龙虾的一些优点：一是草荡多分布在江河中下游和湖泊水库，附近水源充足的旷野里，面积较大，可采用自然增殖和人工养殖相结合，减少人为投入；二是草荡中多生长着芦苇等杂草；三是水温较高，水较浅，水体易交换，溶氧足；四是底栖生物较多，有利于螺、蚬、贝等小龙虾喜爱的饵料生长。

二、草荡的选择

并不是所有的草荡都适宜养殖小龙虾，在生产实践中，我们认为一定要选择交通方便、水源充沛、水质无污染、便于排灌、沉水植物较多、底栖生物及小鱼虾饵料资源丰富、有堤或便于筑堤、能避洪涝和干旱之害的地方，在安徽省天长市高邮湖边有许多滩涂、草荡、低洼地都被开发成低坝高拦养殖河蟹，效益很好，当然这些地方现在是绝好的养殖小龙虾的场所。

三、草荡的改造

一是选好地址，将要养虾的草荡选择好，在四周挖沟围堤，沟宽3～5米，深0.5～0.8米。

二是基础建设，在荡区开挖"井"、"田"形鱼道，宽1.5～2.5米，深0.4～0.6米。

三是多设供小龙虾打洞的地方，可以在草荡中央挖些小塘坑与虾道连通，每坑面积200米^2。用虾道、塘坑挖出的土顺手筑成小埂，埂宽50厘米即可，长度不限。

四是对草荡区内无草地带还要栽些伊乐藻等沉水植物，保持原有的和新栽的草覆盖荡面45％左右。

五是要建好进排水系统，对大的草荡还要建控制闸和排水涵洞，以控制水位。

六是要建好防逃设施，采用麻布网片或尼龙网片或有机纱窗和硬质塑料薄膜共同防逃，用高50厘米的有机纱窗围在池埂四周，用质量好的直径为 4～5 毫米的聚乙烯绳作为上纲，缝在网布的上缘，缝制时纲绳必须拉紧，针线从纲绳中穿过。然后选取长度为 1.5～1.8 米的木桩或毛竹，削掉毛刺，打入泥土中的一端削成锥形，或锯成斜口，沿池埂将桩打入土中 50～60 厘米，桩间距 3 米左右，并使桩与桩之间呈直线排列，池塘拐角处呈圆弧形。将网的上纲固定在木桩上，使网高保持不低于 40 厘米，然后在网上部距顶端 10 厘米处再缝上一条宽 25 厘米的硬质塑料薄膜即可，针距以小虾逃不出为准，针线拉紧，防止小龙虾逃跑和老鼠、蛇等敌害生物入侵。

四、清除敌害

草荡中敌害较多，如凶猛鱼类、青蛙、蟾蜍、水老鼠、水蛇等。在虾种刚放入和蜕壳时，抵抗力很弱，极易受害，要及时清除敌害。进、排水管口要用金属或聚乙烯密眼网包扎，防止敌害生物的卵、幼体、成体进入草荡。在虾种放养前 15 天，选择风平浪静的天气，采用电捕、地笼和网捕除野。用几台功率较大电捕鱼器并排前行，来回几次，清捕野杂鱼及肉食性鱼类。药物清塘一般采用漂白粉，每亩用量 7.5 千克，沿荡区中心泼洒。

要经常捕捉敌害鱼类、青蛙、蟾蜍。对鼠类可在专门的粘贴板上放诱饵，诱粘住它们，继而捕获。

五、虾种放养

一是放养 3 厘米的幼虾，亩放 0.5 万尾，时间在春季 4 月；二是在秋季 8～9 月放养抱卵虾，亩放 25 千克左右，可放养 3～4 厘米规格鲢鳙鱼夏花 500～1000 尾。

六、饲养管理

1. 饵料投喂

草荡面积较大的以粗养或鱼虾混养为主，它的饵料也以天然饵料为主，适当投喂些精料和山芋丝；草荡面积较小的则以人工投喂饵料为主。要求做到"四定"，即：定时，每天投饵两次，大约在上午9时和下午4时；定质，投喂的饵料新鲜无霉变，品种主要有豆饼、配合饲料、浮萍、野杂鱼、螺蚬等；定位，在虾道沟边每隔20米搭食台一个；定量，每日投饵量根据天气、水温和上一次的吃食情况而定。

2. 水质管理

草荡养虾要注意草多腐烂造成的水质恶化，每年秋季较为严重，应及时除掉烂草，并注新水，水体溶氧要在5毫克/升以上，透明度要达到35～50厘米。注新水应在早晨进行，不能在晚上，以防小龙虾逃逸。注水次数和注水量依草荡面积、小龙虾的活动情况和季节、气候、水质变化情况而定。为有利于小龙虾蜕壳和保持蜕壳的坚硬和色泽，在小龙虾大批蜕壳前用生石灰全荡泼洒，用量为每亩20千克。

3. 防逃虾

虾种刚放入荡时不适应新的环境、夏季汛期发水时均易逃逸。要经常检查防逃设施有无破损，如有应及时维修加固。

4. 蜕壳期管理

在小龙虾蜕壳期保持环境稳定，增投动物性饲料。水草不足时适时增设水草草把，以利小龙虾附着蜕壳。

七、成虾捕捞

湖泊捕虾工具一般有虾簖、单层刺网、地笼等。进入5～9月份，可用地笼等渔具长期捕捞上市，实施轮捕轮放。也可在灌水沟内注水形成水流起捕，最后排干草荡里的水捕获。

第五节　沼泽地养殖小龙虾

一、沼泽地养虾优势

沼泽地的面积较大，水位虽然高低不一，但一般较低，不适宜养鱼，各种水草和旱草比较多，非常适宜发展小龙虾的养殖。

二、虾种放养

在沼泽地里养小龙虾，不适宜放养小龙虾幼苗，宜放养抱卵虾，方法是在7～9月间投放亲虾，每亩投放25千克，平均规格在35克/尾左右，雌雄性比(2～3)：1。

三、水草供应

在沼泽地中养殖小龙虾，一般是不需要投喂饲料的，沼泽地中的野生水草和野杂鱼类等足以满足它们的生长需要。值得注意的是，这种模式虽然不需要投饵，但一定要注意培植沼泽地中的水生植物，保证小龙虾有充足的饲料。培植方法也很简单，就是定期在水体中投放一些带根的沉水植物或挺水植物就可以了。

四、捕捞

每年的 4 月开始用地笼或虾笼进行捕捞，捕大留小，以后每年只是收获，无需放种。一旦发现捕捞强度太大，影响第 2 年的生产力时，就要及时补充虾种。

第六节　沟渠养殖小龙虾

各地的河沟、渠道都比较多，动辄上万亩，由于这些水域都是过水性的，而且水位也比较浅，加上管理不方便等，许多地方都闲置不用，这实在是资源浪费。如果加以科学规划、科学管理，用这些闲置的沟渠来养殖小龙虾，也是一条增收增效的好路子。

一、沟渠条件

要求沟渠水源充足，水质良好，注排方便，水深 0.7~1.5 米，不宜过深。最好是常年流水养殖，那么小龙虾产品比池塘养殖的质量更佳，色泽更亮丽，价格也更高，潜力巨大。

如果沟渠的地势呈略带倾斜就更好了，这样可以创造深浅结合、水温各异的水环境，充分利用光能升温，增加有效生长水温的时数与日数，同时也便于虾栖息与觅食。

二、放养前准备

1. 做好拦截和防逃工作

小龙虾逃逸能力较强,尤其是在沟渠这样的活水中更要注意,必须搞好防逃设施建设。在两个桥涵之间用铁丝网拦截,丝网最上端再缝上一层宽约 25 厘米的硬质塑料薄膜作防逃设施。防逃设施可用塑料薄膜、钙塑板或者网片,沿沟埂两边用竹桩或木桩支撑围起防逃,露出埂上的部分高 50 厘米左右。如果使用网片,需在上部装上 20 厘米的塑料防逃沿。

2. 做好清理消毒工作

沟渠不可能像池塘那样方便抽干水后再行消毒,一般是尽可能地先将水位降低后,再用电捕工具将沟渠内的野杂鱼、生物敌害电死并捞走,最后用漂白粉按每亩 10 千克(以水深 1 米计算)的量进行消毒。

3. 施肥

在小龙虾入沟渠前 10 天进水 30 厘米,每亩施腐熟畜禽粪肥 300 千克,培育轮虫和枝角类、桡足类等浮游生物,第一次施肥后,可根据水色、pH 值、透明度的变化,适时追施一次肥料,使池水 pH 值保持在 7.5~8.5,培育水色为茶褐色或淡绿色。

4. 栽种水草

沿沟渠坡底滩角及沟底种植一定数量的水草,最好选用苦草、伊乐藻、空心菜、水花生、水葫芦、菱角、茭白等,种草面积掌握在 2/3 左右。水草既可作为小龙虾的天然食物,又能为其提供栖息和蜕壳环境,防止逃逸,减少相互残杀,还具有净化水质、增加溶氧、消浪护坡、防止沟埂坍塌的作用。

5. 投放螺蛳

在沟渠里按每亩投放 300 千克左右的量来投放螺蛳，既可改善池塘水质，又可作为小龙虾的天然饵料。

6. 安装过滤网

进水口须安装过滤网，一般采用 60～80 目筛绢，防止敌害生物混入。

三、虾种放养

通常初春上市的小龙虾都是上一年秋天繁育的幼虾，而春天繁育的幼虾只需养殖 60 多天即可上市。小龙虾养殖户第 1 年只要把大的小龙虾留住作种虾，第 2 年就不用购买虾苗了。

在沟渠中养殖小龙虾时，一是直接投放抱卵虾，二是投放幼虾。其来源是直接到附近的河流、沟渠、池塘、稻田等水体直接捕捞，或从市场上收购。一般每亩放抱卵虾 40 千克左右，或放幼虾 100 千克左右。抱卵亲虾一般在 9 月份之前投放，幼虾一般在 3 月份投放。放养时，以塑料盆盛运虾，先往盆里慢慢添加少量沟水至盆内水温与沟水接近，然后加入适量的食盐，使浓度达 5％，5 分钟后再沿沟边缓缓放入沟中。

四、饲料投喂

在利用沟渠养殖时，一定要想法降低养殖成本，提高养殖效益。饲料投喂以植物性饲料为主，如新鲜的水草、水花生、空心菜、麸皮、米糠、泡胀的大麦、小麦、蚕豆、水稻等作物。有条件的投放一些动物性饲料（如砸碎的螺蛳、小杂鱼和动物内脏等）。在饵料充足、营养丰富的前提下，幼虾40天左右就可达到上市规格。

五、日常管理

（1）建立巡池检查制度　定期检查饲料消耗、小龙虾活动、防逃设施等情况。

（2）调控水质　沟渠最好是常年流水，对于那些静水沟渠来说，水质要求保持清新。每15～20天换一次水，每次换水1/3。每半月泼洒一次生石灰水，每次每亩用生石灰10千克，调节水质，有利于小龙虾蜕壳。

第七节　林间建渠养殖小龙虾

现在国家对森林建设非常重视，一些已经占用当年林地的田块要求被陆续退耕还林。我们可以利用这些退耕还林的空闲地带，略加改造，辅以一定设施，设计成浅水渠养殖小龙虾，每亩产量可达100千克左右，获纯利1200元左右。

这是一种互惠互利的种养殖方式，既不影响树木的生长，又能充分利用土地资源，方法简单，易于操作，便于管理。

一、开挖浅水渠

根据地形地势，灵活掌握，在树林行距间开挖一条长若干米的沟渠，底宽1.5米、深1米，要确保沟离两边的树至少有 50 厘米的安全距离。在渠底铺设一层厚质塑料薄膜，薄膜的主要目的是用来保水保肥，既防止沟渠内的水流出，又要防止沟里的水浸死树木。然后在薄膜上覆土 15 厘米厚，要求土质以硬质砂土为佳，要加高加固水渠的围堤，夯实堤岸，以防漏水。浅水渠挖成后，每亩施发酵的猪粪或大粪 250 千克培肥水质。

二、浅水沟渠的处理

在浅水渠内要人为地创造适宜小龙虾生长的生态环境，每隔 2 米做一个刚刚露出水面约 1.5 米^2 的浅包，在浅包四周可用直径为 5 厘米的小圆棒做一些大小不同的洞穴，供虾隐藏，渠内及浅滩上要移植苦草、轮叶黑藻、菹草、莲藕、茭白等沉水植物，同时还要移植少部分水葫芦、浮萍等。水草要占渠面积的 50%，水草和浅滩可供小龙虾栖息、掘洞、爬行，渠内也可放置一些树枝、树根、破网片等。

三、防逃设施

可用宽 60 厘米的聚乙烯网片，沿渠边利用树木做桩把水渠围起来，然后用加厚的塑料薄膜缝在网片上即可。

四、小龙虾投放

小龙虾投放技巧和前文所述基本上是一致的，最好是投放亲虾，亩放亲虾 25 千克就可以了。也可以放养 3 厘米长的幼虾，投放量为每平方米水面 25 只，在投放前要用 5% 的盐水洗浴 5 分钟，然后放入浅水区，任其自由爬行。放虾苗时动作要轻快，切不可直接倒入深水区。苗种的投放时间一般在晴天的早晨或傍晚。

五、投喂饵料

小龙虾的投喂工作和前文的基本相同，这里不再赘述。只是投喂时最好定点，通常沿渠边的浅水区，呈带状投喂或每隔 1 米设一个投饵点进行投喂。

六、调节水质

如果有条件的话，最好让林间的浅水沟渠保持常年流水。每 15～20 天换一次水，每次换水 1/3。每半月左右泼洒一次生石灰化浆水，每次每亩用生石灰 10 千克，调节水质，有利于小龙虾蜕壳。适时适量追施发酵的有机粪肥，供水草生长和培养饵料生物，也可以起到调节水质的作用。另外，尽可能地保持浅水渠中的水位相对稳定，这是因为水位不稳定时虾掘洞较深，破坏渠埂。

第八节　庭院养殖小龙虾

农户利用家前屋后的空地挖土池、建水泥池，或在天井、庭院内建池，进行小范围高密度养殖小龙虾，通过投喂饲料与强化培育、人工育肥相结合，达到既增大小龙虾的体型，又增殖小龙虾的数量的目的。这种养殖方式把暂养和养殖有机结合起来，占地面积不大，精养细管，单产水平较高，可获得很高的经济效益，现在已经成为广大农村致富的一条好路子。

一、虾池建设

庭院养虾池选择在门前屋后的空地围院建虾池，利用地下水或自来水作养殖水源。可以分为土池和水泥池两种，最方便的还是水泥池，虾池的形状没有一定的要求，可以建成方形、圆形或其他形状等，但是池底池壁都要用平砖或侧砖砌成，加水泥嵌缝，或用水泥抹光滑。底面铺上15~20厘米厚的熟泥土，土质最好是半砂质的。池深1.5米左右。设有完善的相对的进排水设施，池底向出水口一侧倾斜。进水前要安装好60~80目的密网，防止水中敌害进入危害幼虾。池上用竹片、网纱等围起高70厘米的防逃墙，墙上方搭水泥平块或玻璃。池上方搭架子种丝瓜、葡萄、黄豆等，给小龙虾生长遮荫。池内种植水葫芦、水花生、浮萍、菹草、轮叶黑藻、茭白等水生植物，占池面积1/3。同时在池内还要设置小龙虾栖息场所，如安设瓦砾、砖头、石块、网片、旧轮胎、草笼等作虾巢，供虾隐蔽栖息、防御敌害和滋生小龙虾爱吃的浮游生物。

一般在庭院新建的小龙虾池可用生石灰水带水清塘，每亩用100千克，水泥池则要去碱后才能使用。

二、小龙虾放养

放养虾苗宜在晴天的早晨和傍晚进行，一般放养规格为3厘米的幼虾，要求虾种规格整齐，大小一致，肢体完整，健壮活泼，一般每平方米放养150只。在虾苗放养前10~15天，可按每亩水面施猪粪等充分腐熟粪肥150千克的量来培肥水质，培育浮游生物及提供适量的有机碎屑作幼虾饲料。

三、饵料投喂

投喂以小鱼、小虾、螺蚬、蚌肉、蚯蚓、猪血等动物性饵性为主，适当投喂一些瓜类、蔬菜等青绿饲料。在放苗后 3 天内，投以绞碎的小鱼和碎肉，3 天后至 1 个月内投放小杂鱼、下脚料、碎肉或配合饲料，待虾苗长至 6～7 厘米时，可全部投喂轧碎的螺蛳、河蚌及适量的植物性饲料（如麦子、麸皮、玉米、饼粕等）或配合饲料。日投喂量以吃饱、吃完、不留残饵为准，经验数据是投喂量可占全池幼虾体重的 8％～15％，成虾按体重的 5％～10％，一天投喂 2～3 次，早晨和傍晚各一次，定点投放在接近水位线的池边上或池边浅水处。视水色、天气、摄食活动情况等增减投饵量。在水色过浓、小龙虾登岸数量较多时，应减少投饵量；阴雨天、天气闷热、有暴雨前兆要少喂或停喂，晴天要多喂。发现病虾、死虾，要及时捞出。清除残渣、污物，减少投饵量或调换适口饵料。小龙虾活动正常时，应增加投饵量，并要做到饵料新鲜适口，质优量足，合理充分。

四、精细管理

（1）强化水质管理　小龙虾生长快，新陈代谢旺盛，耗氧量大，故虾池水质要保持清新，池水每日换 1 次或隔日换一次，每次换水 1/3～1/2，有的还可用微流水。每月干池一次，冲洗池底污物，扫除残渣剩饵，使水质保持清新，确保透明度在 30～40 厘米之间。当天气过热时，要适当加深池水，以稳定池水水温。严防水质受到工业污染、农药污染和化学污染。

（2）强化蜕壳虾的管理　在池中辟一角专门饲养蜕壳虾。方法是：将蜕壳虾从池中捞出，轻抄轻放，喂以精料，待虾壳变硬再放池中。

（3）做好遮阳控温工作　通过换水、遮荫等办法控制虾池的水温，始终使小龙虾生活在一个比较适宜的环境里。

（4）做好防病、防害、防逃工作　放养前按每亩60～75千克生石灰，溶化后全池泼洒，杀死池中有害生物。虾苗下塘之前要进行体表消毒，防止把病原体带进池内，定期用生石灰消毒虾池，经常加注新水，保持池水清洁卫生。在虾的饲料中添加多种维生素，增强虾的免疫力。采用药物灭鼠、鼠夹、鼠笼、电猫等工具灭鼠，消灭水蜈蚣等敌害。一经发现病害，要立即查找病因，采取有效方法防治。另外，还要定期检查维修和加固防逃设施，防止小龙虾逃逸。

第九节　稻田养小龙虾

稻田养殖小龙虾是指将稻田这种潜在水域加以改造、利用，用来养殖小龙虾的一种模式，进行稻田养殖小龙虾不仅具有投资省、见效快的优点，而且还可节肥、增产、省工。

一、稻田养殖小龙虾的现状

稻田养殖小龙虾并不是新鲜的事，在国外早就开始运用这种技术了，尤其是美国已经运用各种模式开发小龙虾的养殖了，稻田养殖是比较成功的一种模式。根据上海水产大学渔业学院成永旭教授的介绍，美国路易斯安那州养殖小龙虾，主要采取的养殖模式是，首先在田里种植水稻，等水稻成熟收割后放水淹没水稻，然后往稻田里投放小龙虾苗，小龙虾以被淹的水稻秸秆为生长的养料。

在我国，近年来对小龙虾的增养殖进行了各种模式的尝试与探索，其中利用稻田养殖小龙虾已经成为最主要的养殖模式之一，虽然还处于摸索阶段，但养殖技术已经日益成熟了。

由于小龙虾对水质和饲养场地的条件要求不高，稻虾共生可以利用稻田的浅水环境，辅以人为措施，既种稻又养虾，提高稻田单位面积生产效益。加之我国许多地区都有稻田养鱼的传统，在养鱼效益下降的情况下，推广稻田养殖小龙虾可为稻田除草、除害虫，少施化肥，少喷农药。有些地区还可在稻田采取中稻和小龙虾轮作的模式，特别是那些只能种植一季的低洼田、冷浸田，采取中稻和小龙虾轮作的模式，经济效益很可观。在不影响中稻产量的情况下，每亩可出产小龙虾 100～130 千克，但最好是选择抗倒伏的水稻品种。

二、稻田养殖小龙虾的原理

稻田养殖小龙虾共生原理的内涵就是以废补缺、互利助生、化害为利，在稻田养虾实践中，人们称为"稻田养虾，虾养稻"。稻田是一个人为控制的生态系统，稻田养了虾，促进稻田生态系中能量和物质的良性循环，使其生态系统又有了新的变化。稻田中的杂草、虫子、稻脚叶、底栖生物和浮游生物对水稻来说不但是废物，而且都是争肥的，如果在稻田里放养小龙虾这一类杂食性的虾类，不仅可以利用这些生物作为饵料，促进虾的生长，消除了争肥对象，而且虾的粪便还为水稻提供了优质肥料。另外，小龙虾在田间栖息，游动觅食，疏松了土壤，破碎了土表"着生藻类"和氮化层的封固，有效地改善了土壤通气条件，又加速肥料的分解，促进了稻谷生长，从而达到稻虾双丰收的目的。同时，小龙虾在水稻田中还有除草保肥作用和灭虫增肥作用。总之，稻田养虾是综合利用水稻、小龙虾的生态特点达到稻虾共生、相互利用，从而使稻虾双丰收的一种高效立体生态农业，是动植物生产有机结合的典范，是农村种养殖立体开发的有效途径，其经济效益是单作水稻的 1.5～3 倍。

三、稻田养殖小龙虾的类型

根据生产的需要和各地的经验，稻田养小龙虾的模式可以归类为三种类型：

（1）稻虾兼作型　就是边种稻边养虾，稻虾两不误，力争双丰收，在兼作中有单季稻养虾和双季稻田中养虾的区别，单季稻养虾，顾名思义就是在一季稻田中养小龙虾，这种养殖模式主要在江苏、四川、贵州、浙江和安徽等地采用，单季稻主要是中稻田，也有用早稻田养殖小龙虾的。双季稻养虾，顾名思义就是在同一稻田连种两季水稻，虾也在这两季稻田中连养，不需转养，双季稻就是早稻和晚稻连种，这样可以有效利用一早一晚的光合作用，促进稻谷成熟，广东、广西、湖南、湖北等地利用双季稻田养小龙虾的较多，这种模式在美国的南部也非常普遍。

（2）稻虾轮作型 也就是种一季水稻，然后接着养一茬小龙虾，第二年再种一季水稻，待稻谷收割后接着养小龙虾的模式，做到动植物双方轮流种养殖，稻田种早稻时不养小龙虾，在早稻收割后立即加高田埂养小龙虾而不种稻。这种模式在广东、广西等地推广较快，它的优点是利用本地光照时间长的优点，当早稻收割后，可以加深水位，人为形成一个个深浅适宜的"稻田型池塘"，有利于保持稻田养虾的生态环境。另外，稻子收割后稻草最好还田，稻草本身可以作为小龙虾的饵料，使虾有较充足的养料，当然稻草还可以为小龙虾提供隐蔽的场所，这样养虾时间较长，小龙虾产量较高，经济效益非常好。

（3）稻虾间作型 这种方式利用较少，主要是在华南地区采用，就是利用稻田栽秧前的间隙培育小龙虾，然后将小龙虾起捕出售，稻田单独用来栽晚稻或中稻。

四、田间工程建设

对养虾的稻田进行适当的田间工程建设，是最主要的一项工程，也是直接决定养虾产量和效益的一项工程，千万不能马虎。

1. 稻田的选择

养虾稻田要有一定的环境条件才行，不是所有的稻田都能养虾，一般的环境条件主要有以下几种：

（1）水源 选择养殖小龙虾稻田，应选择水源充足，水质良好，雨季水多不漫田、旱季水少不干涸，无有毒污水、低温冷浸水流入，周围无污染源，保水能力较强的田块，农田水利工程设施要配套，有一定的灌排条件，低洼

96

稻田更佳。

（2）土质　土质要肥沃，由于黏性土壤的保持力强，保水力也强，渗漏力小，因此这种稻田是可以用来养虾的。而矿质土壤、盐碱土以及渗水漏水、土质瘠薄的稻田均不宜养虾。

（3）面积　面积少则十几亩，多则几十亩、上百亩都可，面积大比面积小更好。

（4）其他条件　稻田周围没有高大树木，桥涵闸站配套，通水、通电、通路。

2. 开挖虾沟

养虾稻田的田埂要相对较高，正常情况下要能保证50～80厘米的水深。除了田埂要求外，还必须适当开挖虾沟，这是科学养虾的重要技术措施，稻田因水位较浅，夏季高温对小龙虾的影响较大，因此必须在稻田四周开挖环形沟，面积较大的稻田，还应开挖"田"字形、"川"字形或"井"字形的田间沟。环形沟距田间1.5米左右，环形沟上口宽3米，下口宽0.8米；田间沟沟宽1.5米，深0.5～0.8米，坡比1∶2.5。虾沟既可防止水田干涸和作为烤稻田、施追肥、喷农药时小龙虾的退避处，也是夏季高温时小龙虾栖息隐蔽遮阳的场所，沟的总面积占稻田面积的8%～15%左右。

3. 加高加固田埂

为了保证养虾稻田达到一定的水位，增加小龙虾活动的立体空间，须加高、加宽、加固田埂，平整田面，可将开挖环形沟的泥土垒在田埂上并夯实，确保田埂高达1.0～1.2米，宽1.2～1.5米。田埂加固时每加一层泥土都要打紧夯实，要求做到不裂、不漏、不垮，在满水时不能崩塌跑虾。

4. 防逃设施

从一些地方的经验来看，有许多农户在稻田养殖小龙虾时并没有在田埂上建设专门的防逃设施，但产量并没有降低，所以有人认为在稻田中可以不要防逃设施，这种观点是有失偏颇的。经过专家分析：一方面是因为在稻田中采取了稻草还田或稻桩较高的技术，为小龙虾提供了非常好的隐蔽场所和丰富的饵料；第二与放养数量有很大的关系，在密度和产量不高的情况下，小龙虾互相之间的竞争压力不大，没有必要逃跑；第三就是大家都没有做防逃设施，小龙虾的逃跑呈放射性，最后是谁逮着算谁的产量，由于小龙虾跑进跑出的机会是相等的，所以大家没有感觉到产量降低。所以，如果要进行高密度的养殖，要取得高产量和高效益，还是很有必要在田埂上建设防逃设施的。

具体的防逃设施同前文所述。

稻田开设的进排水口应用双层密网防逃，同时也能有效地防止蛙卵、野杂鱼卵及幼体进入稻田危害蜕壳虾；同时为了防止夏天雨季冲毁堤埂，稻田应开施一个溢水口，溢水口也用双层密网过滤，防止小龙虾乘机逃走。

5. 放养前的准备工作

一是及时杀灭敌害，放虾前 10～15 天，清理环形虾沟和田间沟，除去浮土，修正垮塌的沟壁，每亩稻田环形虾沟和田间沟用生石灰 20～50 千克进行彻底清沟消毒，或选用鱼藤酮、茶粕、漂白粉等药物杀灭蛙卵、鳝、鳅及其他水生敌害、寄生虫和致病菌等。

二是种植水草，营造适宜的生存环境，在环形沟及田间沟种植沉水植物如聚草、苦草、水花生、空心菜、马来眼子菜、轮叶黑藻、金鱼藻等，并在水面上移养漂浮水生植物如芜萍、紫背浮萍、凤眼莲、水葫芦等。但要控制水草的面积，一般水草占虾沟面积的10%～20%，以零星分布为好，不要聚集在一起，这样有利于虾沟内水流畅通无阻塞。还可在离田埂1米处，每隔3米打一处1.5米高的桩，用毛竹架设，在田埂边种瓜、豆、葫芦等，等到藤蔓上架后，在炎夏可以起到遮阳避暑的作用。

三是施足基肥，培肥水体，调节水质，为了保证小龙虾有充足的活饵供取食，可在放种苗前一个星期，往田间虾沟中注水50～80厘米，然后施有机肥，常用干鸡粪、猪粪来培养饵料生物，每亩施农家肥500千克，一次施足，并及时调节水质，确保养虾水质保持肥、活、嫩、爽、清的要求。

五、水稻栽培

1. 水稻品种选择

水稻品种要选择经国家审定适合本区域种植的优质高产高抗品种，品种特点要求叶片开张角度小，属于抗病虫害、抗倒伏且耐肥性强的紧穗型品种。目前常用的品种有丰两优系列、新两优系列、两优培九、汕优系列、协优系列等优质高产品种。

2. 整地方式和要求

先施基肥后整地，用机械干耕，后上水耙田，再带水整平。

3. 施肥方式和使用量

中等肥力田块，每亩施腐熟厩肥3000千克，N 8千克，P_2O_5 6 千克，K_2O 8 千克，均匀撒在田面并用机器翻耕耙匀。

4. 育苗和秧苗移植

全部采用肥床旱育模式，稻种浸种不催芽，直接落谷，按照肥床旱育要求进行操作。

秧苗一般在 5 月中旬、秧龄达 30～35 天开始移植，移栽时水深 3 厘米左右，采取条栽与边行密植相结合，浅水栽插的方法，养虾稻田宜提早 10 天左右。我们建议移植方式采用抛秧法，要充分发挥宽行稀植和边坡优势的技术，确定每亩移栽 1.5 万～2 万穴，杂交稻每穴 1～2 粒种子苗，其株行距为 13.3 厘米×30 厘米或 13.3 厘米×25 厘米，确保小龙虾生活环境通风透气性能好。旱育秧移栽大田不落黄，返青快，栽后 3 天活棵，5 天后开始新的分蘖。

六、小龙虾放养

放养时间和模式：不论是当年虾种，还是抱卵的亲虾，应力争一个"早"字。早放既可延长虾在稻田中的生长期，又能充分利用稻田施肥后所培养的大量天然饵料资源。

小龙虾的放养方法根据不同的市场行情，可选择不同的放养方式，一般可以分为以下几种情况：

（1）放养种虾　每年的 7 月份，在中稻收割之前 1 个月左右，将经挑选的小龙虾亲虾直接入养在稻田的虾沟内，让其自行繁殖，亲虾可以自行摄食稻田中的有机碎屑、浮游动物、水生昆虫、周丛生物及水草等作为食物。稻田的排水、晒田、收割照常进行。收割后立即灌水，并施入腐熟的有机肥，培肥水质。待发现有幼虾活动时，就可以用地笼捕走大虾。

（2）投放抱卵亲虾　每年的8～9月中旬当早稻和中稻收割后，收割时稻桩要多留一点，然后立即灌水，同时往稻田投入抱卵虾，规格为20～30尾/千克。孵出幼虾后，起捕种虾。这是在本地幼虾供应不足或成虾市场行情低迷，而短期内回升可能性不大的情况下最好的模式。

（3）投幼虾　以放养当年人工繁殖的稚虾为主，投放规格100～120尾/千克。这是在本地幼虾资源丰富的情况下采取的模式，也可以采取随时捕捞，及时补充的放养方式。

（4）投放大规格的虾种　在科技推广中我们发现许多地方在8月份后也可以收到大量的小虾，规格在90尾/千克左右，这种虾若作为成虾，规格小了一点，所以市场价格也非常便宜。如果没有受到挤压、药害等的损伤，可以收购后投放在稻田中，第2年3月份就可以有大虾收获，此时的规格可达20尾/千克左右。这种囤养的模式效益也是非常好的，值得在稻田养虾中大力推广。

1. 放养密度

根据稻田养殖的实际情况，一般每亩放养40克以上的小龙虾种虾20千克，雌雄性比3∶1；每亩稻田按20～25千克抱卵亲虾放养；幼虾每亩稻田虾沟按1万～1.2万尾投放；大规格虾种投放数量在100千克/亩。注意抱卵亲虾可以先放入外围大沟内饲养越冬，秧苗返青时再引诱虾入稻田生长。在5月以后随时补放，以放养当年人工繁殖的稚虾为主。

2. 放苗操作

在稻田放养虾苗，一般选择晴天早晨和傍晚或阴雨天进行，这时天气凉爽，水温稳定，有利于放养的小龙虾适应新的环境。虾苗种在放养时要试水，试水安全后，才可投放幼虾。放养时，沿沟四周多点投放，使小龙虾苗种在沟内均匀分布，避免因过分集中，引起虾缺氧窒息而死亡。小龙虾在放养时，要注意幼虾的质量，同一田块放养规格要尽可能整齐，放养时一次放足。放养虾种时用3%～4%的食盐水浴洗10分钟消毒。

3. 亲虾的放养时间

从理论上来说，只要稻田内有水，就可以放养亲虾，但从实际的生产情况对比来看，放养时间在每年的8月上旬到9月中旬的产量最高。我们经过认真分析和实践，认为一方面是因为这个时间的温度比较高，稻田内的饵料生物比较丰富，为亲虾的繁殖和生长创造了非常好的条件；另一方面是亲虾刚完成交配，还没有抱卵，投放到稻田后刚好可以繁殖出大量的小虾，到第2年5月份就可以长成成虾。如果推迟到9月下旬以后放养，有一部分亲虾已经繁殖，在稻田中繁殖出来的虾苗的数量相对就要少一些。另外一个很重要的方面是小龙虾的亲虾最好采用地笼捕捞的虾，9月下旬以后小龙虾的运动量下降，用地笼捕捞的效果不是很好，购买亲虾的数量就难以保证。因此我们建议要趁早购买亲虾，时间定在每年的8月初，最迟不能晚于9月25日。

由于亲虾放养与水稻移植有一定的时间差，因此暂养亲虾是必要的。目前常用的暂养方法有网箱暂养及田头土池暂养，由于网箱暂养时间不宜过长，否则会折断附肢，且互相残杀现象严重，因此建议在田头开辟土池暂养。具体方法是亲虾放养前半个月，在稻田田头开挖一条面积占稻田面积2%～5%的土池，用于暂养亲虾。待秧苗移植

1周且禾苗成活返青后，可将暂养池与土池挖通，并用微流水刺激，促进亲虾进入大田生长，通常称为稻田二级养虾法。利用此种方法可以有效地提高小龙虾成活率，也能促进小龙虾适应新的生态环境。

七、水位调节

水位调节，是稻田养虾过程中的重要一环。小龙虾放养初期，应以稻为主，田水宜浅，保持在 10 厘米左右，但因虾的不断长大和水稻的抽穗、扬花、灌浆均需大量水，所以可将田水逐渐加深到 20～25 厘米，以确保两者（虾和稻）需水量。在水稻有效分蘖期采取浅灌，保证水稻的正常生长。进入水稻无效分蘖期，水深可调节到20厘米，既增加小龙虾的活动空间，又促进水稻的增产。同时，还应注意观察田沟水质变化，一般每 3～5 天加注新水一次；盛夏季节，每 1～2 天加注一次新水，以保持田水清新。

八、投饵管理

首先通过施足基肥，适时追肥，培育大批枝角类、桡足类以及底栖生物，同时在 3 月还应放养一部分螺蛳，每亩稻田 150～250 千克，并移栽足够的水草，为小龙虾生长发育提供丰富的天然饲料。在人工饲料的投喂上，一般情况下，按动物性饲料 40%、植物性饲料 60% 来配比。投喂时也要实行定时、定位、定量、定质投饵技巧。早期每天分上、下午各投喂一次；后期在傍晚 6 点多投喂。投喂饵料品种多为小杂鱼、锤碎的螺蛳肉和河蚌肉、蚯蚓、动物内脏、屠宰厂的下脚料、蚕蛹，配喂玉米、小麦、大麦粉、豆类蔬菜、瓜果等。还可投喂适量植物性饲料，如水葫芦、水芜萍、水浮萍等。日投喂饲料量为虾体重的4%～7%。平时要坚持勤检查虾的吃食情况，当天投喂的饵料在2～3小时内被吃完，说明投饵量不足，应适当增加投饵量；如在第二天还有剩余，则投饵量要适当减少。

7～9月上旬以投喂植物性饲料为主，9月上旬至11月上旬多投喂一些动物性饲料。冬季每3～5天在中午天气晴好时投喂1次。从翌年3月份开始，逐步增加投喂量。

九、科学施肥

养虾稻田一般以施基肥和腐熟的农家肥为主，基肥要足，促进水稻稳定生长，保持中期不脱肥，后期不早衰，群体易控制，达到肥力持久长效的目的，每亩可施农家肥300千克、尿素20千克、过磷酸钙20～25千克、硫酸钾5千克，在插秧前一次施入耕作层内。放虾后一般不施追肥，以免降低田中水体溶解氧，影响小龙虾的正常生长。如果发现脱肥，可少量追施尿素，每亩不超过5千克，或用复合肥10千克/亩，或用人、畜粪堆制的有机肥，追肥要对小龙虾无不良影响，禁止使用对小龙虾有害的化肥（如氨水和碳酸氢铵等）。

在稻田管理中有一项重要的施肥要求就是巧施促蘖肥，通常在栽秧后5天，每亩施尿素10千克。栽后35～40天，每亩施尿素5千克，促进分蘖。施肥的方法是：先排浅田水，让虾集中到环沟、田间沟中再施肥，有助于肥料迅速沉积于底泥中并为田泥和禾苗吸收，随即加深田水到正常深度；也可采取少量多次、分片撒肥或根外施肥的方法。

十、科学施药

一方面小龙虾对很多农药都敏感，另一方面稻田养虾能有效地抑制杂草生长，小龙虾可以摄食昆虫，能降低病虫害的影响，所以要尽量减少除草剂及农药的施用。总而言之，稻田养虾的原则是能不用药时坚决不用，需要用药时则选用高效低毒的农药及生物制剂。小龙虾入田后，若再发生草荒，可人工拔除。

如果确因稻田病害或虾病严重需要用药时，应掌握以下几个关键：①科学诊断，对症下药；②选择高效低毒低残留农药；③由于小龙虾是甲壳类动物，也是无血动物，对含膦药物、菊酯类、拟菊酯类药物特别敏感，因此慎用敌百虫、甲胺膦等药物，禁用敌杀死等药，以免对小龙虾造成危害；④喷洒农药时，一般应加深田水，降低药物浓度，减少药害，也可放干田水再用药，待8小时后立即上水至正常水位；⑤施农药时要注意严格把握农药安全使用浓度，确保虾的安全，粉剂药物应在早晨露水未干时喷施，水剂和乳剂药应在下午喷洒，因稻叶下午干燥，能保证大部分药液吸附在水稻上，尽量不喷入水中；⑥降水速度要缓，等虾爬进虾沟后再施药；⑦可采取分片分批的用药方法，即先施稻田一半，过两天再施另一半，同时尽量避免农药直接落入水中，保证小龙虾的安全。

对于水稻的虫害，基本上是不用防治的，小龙虾可以将其吞食作为饵料来源，但是对于水稻特有的一些疾病，还是要积极预防和治疗的。在分蘖至拔穗期，每亩用25克20%井冈霉素可湿性粉剂2000倍液喷雾，预防纹枯病；同期每亩用 100 克 20％三环唑可湿性粉剂 500 倍液或用 50％消菌灵 40 克加水喷雾，防治稻瘟病。水稻拔节后，每亩用 20％粉锈宁乳油 100 毫升 1500 倍液或用增效井冈霉素 250 克加水喷雾，防治水稻叶尖枯病、稻曲病、云形病等后期叶类病害。

十一、科学晒田

水稻在生长发育过程中需水情况是在变化的，养虾的水稻田，养虾需水与水稻需水是主要矛盾。田间水量多，水层保持时间长，对虾的生长是有利的，但对水稻生长却是不利的。农谚对水稻用水进行了科学的总结，那就是"浅水栽秧、深水活棵、薄水分蘖、脱水晒田、复水长粗、厚水抽穗、湿润灌浆、干干湿湿。"因此有经验的老农常常会采用晒田的方法来抑制无效分蘖，促进根系的生长，健壮茎秆，防后期倒伏。一般是当茎蘖数达计划穗数 80％～90％时开始自然落干晒田，这时的水位很浅，这对养殖小龙虾是非常不利的，因此做好稻田的水位调控工作是非常有必要的。生产实践中我们总结一条经验："平时水沿堤，晒田水位低，沟溜起作用，晒田不伤虾。"晒田前，要清理虾沟虾溜，严防虾沟里阻隔与淤塞。晒田总的要求是轻晒轻烤或短期晒，晒田时，不能完全将田水排干，沟内水深保持在 20 厘米，使田块中间不陷脚，田边表土不裂缝和发白，以见水稻浮根泛白为适度。晒田时间尽量要短，晒好田后，及时恢复原水位。尽可能不要晒得太久，以免虾缺食太久影响生长，而且发现小龙虾有异常时，则要立即注水。

106

十二、病害预防

小龙虾的病害采取"预防为主"的科学防病措施。稻田饲养小龙虾，其敌害较多，常见的敌害有蛙、水蛇、老鼠、黄鳝、泥鳅、鸟等，除放养前彻底用药物清除外，进水口进水时要用40～80目纱网过滤，发现田里有这些敌害存在时应及时采取有效措施驱逐或诱灭之。在放虾初期，稻株茎叶不茂，田间水面空隙较大，此时虾个体也较小，活动能力较弱，逃避敌害的能力较差，容易被敌害侵袭。同时，小龙虾每隔一段时间需要蜕壳生长，在蜕壳或刚蜕壳时，最容易成为敌害的适口饵料。到了收获时期，由于田水排浅，虾有可能到处爬行，目标会更大，也易被鸟、兽捕食。对此，要加强田间管理，并及时驱捕敌害，有条件的可在田边设置一些彩条或稻草人，恐吓、驱赶水鸟。另外，当虾放养后，还要禁止家养鸭子下田沟，避免损失。

十三、加强其他管理

其他的日常管理工作必须做到勤巡田、勤检查、勤研究、勤记录。坚持早晚巡田，检查沟内水色变化和虾的活动、摄食、生长情况，决定投饵、施肥数量；检查堤埂是否塌漏，平水缺、进出水口筛网、拦虾设施是否牢固，防止逃虾和敌害进入；检查虾沟、虾溜、及时清理，防止堵塞；汛期防止漫田而发生逃虾的事故；检查水源水质情况，防止有害污水进入稻田；维持虾沟内有较多的水生植物，数量不足要及时补放；大批虾蜕壳时不要冲水，不要干扰，蜕壳后增喂优质动物性饲料；高温季节，每10天换 1 次水，每次换水 1/3，每 20 天泼洒 1 次生石灰水调节水质；如果发现小龙虾抱住稻秧，侧卧于水面，则表示水体已呈缺氧状态，如果小龙虾大批上岸，表示缺氧严重，应立即加注新水。在日常管理时要及时分析存在的问题，作好田块档案记录。

十四、收获

稻谷收获一般采取收谷留桩的办法，然后将水位提高至40～50厘米，并适当施肥，促进稻桩返青，为小龙虾提供避荫场所及天然饵料来源。稻田养虾的捕捞时间在4～9月，具体的起捕时间可根据市场行情和养殖需要灵活掌握，长期捕捞、捕大留小、轮捕轮放、常年供应市场是降低成本、增加产量的一项重要措施。

稻田养殖小龙虾时主要采用地笼网张捕法，傍晚将地笼网置于稻田虾沟内，每天清晨起笼收虾。每隔一段时间将地笼换一个地方，继续捕捞，这样可以有效提高捕捞效率。需要注意的是，小龙虾在捕捞前，稻田的防病治病要慎用药物，否则影响小龙虾回捕率，药物的残留也会影响商品虾的质量，导致市场销售障碍，影响养殖效益。

第十节　网箱养虾

一、网箱养小龙虾的特点

1. 不与农田争地

网箱养小龙虾，以其独特的方式，把不便放养、很难管理和无法捕捞的各类大、中型水体用来养虾，不与农业争土地，又开发了水域渔业生产力。

2．有优良的水环境

网箱一般都设在水面宽广、水流缓慢，水质清新的大中水域的水面，其环境大大优于池塘，溶氧量能保证在5毫克/升以上。小龙虾可以定时得到营养丰富的食物，又不必四处游荡，所以有利于尽快地生长发育。

3．便于管理

网箱是一个活动的箱体，可以根据不同季节，不同水体灵活布设，拆迁都十分方便。由于网箱占地不大，可以集中在一片水域集中投喂、集中管理。发现虾病，可以统一施药。在养殖到一定阶段，也便于捕大养小，随时将够商品规格的小龙虾及时送往市场，这样一方面可以均衡上市，还疏散了网箱密度，让个体小的小龙虾快速长成。

4．产量高

网箱养小龙虾产量惊人，据我们测算，每亩网箱养小龙虾的产量，相当于4公顷精养高产池塘的产量，其经济效益必然相当高。

5．风险大，投入高

网箱养小龙虾和所有养殖业一样同样存在风险，因为小龙虾是高度密集的，在遇到虾病、气候突然变化时所造成的损失也就很大。所以发展网箱养虾，必须有敢于承担风险的思想准备。

网箱养虾一次性投入也比较高，如果使用钢制框架和自动投饵设备，造价还是挺昂贵的。另外，网箱养虾一日无粮，一天不长，所以饲料方面投入的资金是非常大的。

二、网箱设置地点的选择

网箱养殖小龙虾，密度高，要求设置地点的水深合适、水质良好、管理方便。这些条件的好坏都将直接影响网箱养殖的效果，在选择网箱设置地点时，都必须认真加以考虑。

（1）周围环境　网箱设置地点应选择在避风、向阳、阳光充足，水质清新，风浪不大、比较安静，无污染，水量交换量适中、有微流水，周围开阔没有水老鼠，附近没有有毒物质污染源，同时要避开航道、坝前、闸口等水域。

根据生产实践，网箱养殖小龙虾宜选择在向阳背风的深水库湾安置网箱，一方面可以避免网箱在枯水期时碰底，另一方面深水库湾处风浪小，可以减少小龙虾的应激反应。库区上游有化肥厂、农药厂、造纸厂等污染源的水域及航道、码头附近的水域均不宜安置网箱。

（2）水域环境　这种养殖模式适合于江河、湖泊、外荡、水库等大水面水域，水域底部平坦，淤泥和腐殖质较少，没有水草，深浅适中，长年水位保持在2～6米，水域要宽阔，水位相对稳定，水流畅通，长年有微流水，流速0.5～1.2米/秒。另外还有面积在50亩以上、水深2米以上的较大池塘，透明度1米左右，pH值7～8.5的水域也可。

（3）水质条件　养殖水温变化幅度在18～26℃为宜。水质要清新、无污染。溶氧在5毫克/升以上，其他水质指标完全符合GB 11607渔业水域水质标准。

（4）管理条件　要求离岸较近，电力通达，水路、陆路交通方便。

三、网箱的结构

养虾网箱种类较多，按敷设的方式主要有浮动式、固定式和下沉式三种。养殖小龙虾多用开放式浮动网箱，开放浮动式网箱由箱体、框架、锚石和锚绳、沉子、浮子五部分组成。

（1）箱体 箱体面积一般为 5～30 米^2，为增加养殖容量，一般深度在 1.5～2 米左右，在网箱内部用硬质塑料薄膜缝好，薄膜宽 30 厘米为好。另外，小龙虾攀网能力强，应在箱上加可开启的盖网作为防逃设备。

为了防止小龙虾蜕壳时互相残杀，网箱可分层挂些网片，箱内投放 1/3 面积的水浮莲作为掩体。

（2）框架 采用直径 10 厘米左右的圆杉木或毛竹连接成内径与箱体大小相适应的框架，利于框架承担浮力把网箱漂浮于水面。如浮力不足可加装塑料浮球，以增加浮力。

（3）锚石和锚绳 锚石是重约 50 千克左右的长方形毛条石。锚绳直径为 8～10 毫米的聚乙烯绳或棕绳，其长度以设箱区最高洪水位的水深来确定。

（4）沉子 用 8～10 毫米的钢筋、瓷石或铁脚子（每个重 0.2～0.3 千克）安装在网箱底网的四角和四周。一只网箱沉子的总重量为 5 千克左右。使网箱下水后能充分展开，以保证实际使用体积和不磨损网箱为原则。

（5）浮子 框架上装泡沫塑料浮子或油筒等作浮子，均匀分布在框架上或集中置于框架四角以增加浮力。

四、网箱的安置

网箱安置时，先将四根毛竹插入泥中，然后网箱四角用绳索固定在毛竹上，确保安置好的网箱牢固成形。四角用石块作沉子用绳索拴好，沉入水底，调整绳索的长短，使网箱固定在一定深度的水中，可以调节深浅。网箱适宜安置在流速为 0.5～1.2 米/秒的水域中，安置深度根据季节、天气、水温而定：春秋季可放到水深 30～50 厘米；7、8、9 三个月天气热，气温高，水温也高，可放到 60～80 厘米深。

网箱设置时既要保证网箱能有充分交换水的条件，又要保证管理操作方便。常见的是串联式和双列式两种设置方式，对于新开发的水域，网箱的排列不能过密。在水体较开阔的水域，网箱排列的方式，可采用"品"字形、"梅花"形或"人"字形，网箱的间距应保持 3～5 米，以利水体交换。串联网箱每组 5 个，两组间距 5 米左右，以避免相互影响。对于一些以蓄、排洪为主的水域，网箱排列以整行、整列布置为宜，以不影响行洪流速与流量。

五、放养前的准备工作

（1）饲料要储备　网箱养殖小龙虾，几乎没有天然饵料供给，全部依赖人工投喂，而小龙虾苗种进箱后 1～2 天内就要投喂，因此，饲料要事先准备好。饲料要根据小龙虾进箱的规格进行准备，如果进箱规格小，应准备新鲜的动物性饲料；反之，进箱规格大，应准备相应规格的人工颗粒饲料。

（2）网箱要到位　应根据进箱的虾种规格准备相应规

112

格的网箱。

（3）安全要检查　网箱在下水前及下水后，应对网体进行严格的检查，如果发现有破损、漏洞，马上进行修补，确保网箱的安全。

六、虾种的放养

1. 入箱规格

网箱养殖密度高，如果投放小规格虾苗，即使是投喂人工饵料，还存在着驯食的过程以及小规格苗种对人工饲料的不适应等问题。经过驯食的虾种进箱后就可以投喂人工饲料，生长亦快。建议入箱规格在 3 厘米以上。

2. 入箱密度

放养密度，应结合水质条件、水流状况、溶氧高低、网箱的架设位置以及饲料的配方和加工技术等进行综合考虑，一般放养密度为 $500\sim750$ 尾/米^3，水流畅通者，养殖密度可高一点。

3. 放养时的注意事项

小龙虾从培育池中进入网箱，应注意以下事项：

第一，水温达到 18℃ 左右进箱，这时放养也能更好地发挥网箱养殖的优势，每只网箱的数量应一次放足。

第二，每只网箱放养的苗种应为同一批，规格整齐，体质健壮，否则很容易造成苗种生长速度不一致，大小差别明显，可能会造成相互残杀。

第三，进箱时，温差应不超过 3℃，如果温差过大，应进行调节。

第四，进箱时间最好选在晴天，阴天、刮风下雨时不宜放养。

第五，在小龙虾苗种的捕捞、装运和进箱等操作的过程中，要求操作过程快捷、精心细致，尽可能避免使虾种受伤。

第六，虾种在进箱之前，应进行消毒，以防止水霉和寄生虫的感染寄生。消毒的方法有食盐水消毒，用 30～50 克/升的食盐水浸洗 5～10 分钟；0.5% 食盐和 0.5% 小苏打溶液浸洗虾体，时间长短可视虾种的耐受能力而定。

七、科学投饲

1. 饵料种类

一是植物性饵料；二是动物性饵料；三是配合饲料。现在养殖户或养殖单位在利用小网箱养殖小龙虾时，基本上都是投喂配合饲料，而配合饲料用浮性颗粒饲料投喂效果好，也最方便实用。

2. 投喂量

日投喂量主要根据小龙虾的体重和水温来确定。相对于池塘养殖而言，网箱养殖时小龙虾完全靠人工饲料生长，饲料浪费量较大，因此，饲料的日投喂量要比池塘养殖高 10% 左右。具体的投喂量除了与天气、水温、水质、小龙虾的摄食强度和水体中天然饵料生物的丰度等有关外，还要自己在生产实践中把握，通常在第二天喂食前先查一下前一天所喂的饵料情况，如果没有剩下，说明基本上够吃了，如果剩下不少，说明投喂得过多了，一定要将饵量减下来，如此 3 天就可以确定投饵量了。在没捕捞的情况下，隔 3 天增加 10% 的投饵量，如果捕大留小了，则要适当减少 10%～20% 的投饵量。

3. 投喂方法

一般投苗 2 天后即可投喂，每天三次，分上午、中午、傍晚投放，下午的投喂量应多于上午，傍晚的投喂量应最多，要占到全天投喂量的 60%～70%。

八、日常管理

网箱养虾的成败，在很大程度上取决于管理。一定要有专人尽职尽责管理网箱。日常管理工作一般应包括以下几个方面：

1. 巡箱观察

网箱在安置之前，应经过仔细的检查。虾种放养后要勤检查，检查时间最好是在每天傍晚和第二天早晨。方法是将网箱的四角轻轻提起，仔细察看网衣是否有破损的地方。水位变动剧烈时，如洪水期、枯水期，都要检查网箱的位置，并随时调整网箱的位置。由于大风造成网箱变形移位，要及时进行调整，保证网箱原来的有效面积及箱距。水位下降时，要紧缩锚绳或移动位置，防止箱底着泥和挂在障碍物上。每天早、中、晚各巡视一次，除检查网箱的安全性能，如有破损要及时缝补外，更要观察虾的动态，有无虾病的发生和异常等情况，检查了解虾的摄食情况和清除残饵，有无疾病迹象，发现疾病要及时治疗。另外，网箱养殖时可在水源上头处用生石灰挂袋，以调整水质增加钙质，并起杀菌作用。一旦发现蛇、鼠、鸟应及时驱除杀灭。保持网箱清洁，使水体交换畅通。注意清除挂在网箱上的杂草、污物。大风来前，要加固设备，日夜防守。

2. 控制水质

网箱区间水体 pH7～8，以适合其生产习性。养殖期

115

应经常移动网箱，20天移动一次，每次移动20～30米远，这对防止细菌性疾病发生有重要作用。网箱很容易着生藻类，要及时清除，确保水流交换顺畅。要经常清除残饵，捞出死鱼及腐败的动植物、异物，并进行消毒。

3. 虾体检查

通过定期检查小龙虾，可掌握小龙虾的生长情况，不仅为投饲提供了实际依据，也为产量估计提供了可靠的资料。一般要求1个月检查1次，分析存在的问题，及时采取相应的措施。

九、网箱污物的清除

网箱下水3～5天后，就会吸附大量的污泥，以后又会附着水绵、双星藻、转板藻等丝状藻类或其他着生物，堵塞网目，从而影响水体的交换，不利于小龙虾的养殖，必须设法清除，保持水流畅通，避免或减少箱内污染。清洗网衣有以下几种方法：

（1）人工清洗　网箱上的附着物比较少的时候，可先用手将网衣提起，然后抖落污物，或直接将网衣浸入水中清洗。当附着物过多时，可用韧性较强的竹片抽打，使其抖落。操作要细心，防止伤虾、破网。

（2）机械清洗　使用喷水枪、潜水泵，以强大的水流把网箱上的污物冲落。有的采用农用喷灌机，安排在小木船上，另一船安装一吊杆，将网箱各个面吊起顺次进行冲洗。二人操作，冲洗一只60米^{2}的网箱约15分钟，比手工刷洗提高工效4～5倍，并减轻了劳动强度，是目前普遍采用的方法。

（3）沉箱法　各种丝状绿藻一般在水深1米以下处就

难以生长和繁殖。因此，将封闭式网箱下沉到水面以下1米处，就可以减少网衣上附着物的附生。但此法往往会影响到投饵和管理，对虾的生长不利，所以使用此法要因地制宜、权衡利弊再作决定。

（4）生物清洗法　利用鲴鱼、罗非鱼等鱼类喜刮食附生藻类，吞食丝状藻类及有机碎屑的习性，在网箱内适当投放这些鱼类，让它们刮食网箱上附着的生物，使网衣保持清洁，水流畅通。利用这种生物清污物，既能充分利用网箱内饵料生物，又能增加养殖种类，提高鱼产量。

十、网箱套养小龙虾

选择适合的主养品种：网箱套养小龙虾，除主养鲤鱼、罗非鱼、鲶鱼、乌鳢、淡水白鲳的网箱中不宜套养外，在主养其他鱼类的网箱中，都可以套养适量的小龙虾。

小龙虾的放养：投放的时间，一般在主养鱼进箱后5～7天，多选在晴天的午后。

管理措施：网箱套养的管理工作同前文网箱养殖小龙虾是一样的。

第十一节　小龙虾与经济水生作物的混养

我国华东、华南、西南地区的莲藕田、茭白田、慈姑田星罗棋布，这些田块大多靠近湖泊、河道、沟渠，有的就是鱼塘改造而来的，水源充足，土质大多为黏壤土，有机质丰富、水质肥沃，水生植物、饵料生物丰盛，水较一般稻田深，溶氧高，适合小龙虾的生长。根据试验表明，小龙虾与莲藕、芡实、空心菜、马蹄、慈姑、水芹、茭白、菱角等水生经济植物进行科学混养，可以充分利用池塘中的水体、空间、肥力、溶氧、光照、热能和生物资源等自然条件，将种植业与养殖业结合在一起，可达到经济植物与小龙虾双丰收的目的，是将种植业与养殖业相结合、立体开发利用的又一种好形式，但要注意防范小龙虾对莲藕、芡实等水生植物苗芽的损害。

根据王利庆、曹建久等的报道，为了开发利用当地的藕田资源，实施藕田种养结合，发挥藕田生态系统的最大负荷量，山东省汶上县水利局水产站于2007年在汶上镇岗子村、郭仓乡刘庄村进行了藕田生态养殖小龙虾试验。试验藕田面积25亩，平均每亩产藕2146.8千克，产小龙虾88.6千克，纯收入8912元。这是小龙虾和水生经济植物混养取得较佳经济效益的代表。

一、莲藕池中混养小龙虾

莲藕性喜向阳温暖环境，喜肥、喜水，适当温度亦能促进生长，在池塘中种植莲藕可以改良池塘底质和水质，为小龙虾提供良好的生态环境，有利于小龙虾健康生长。另外，莲藕本身需肥量大，增施有机肥可减轻藕身附着的红褐色锈斑，同时可使水产生大量浮游生物。

小龙虾是杂食性的，一方面它能够捕食水中的浮游生物和害虫，也需要人工喂食大量饵料，它排泄出的粪便大大提高了池塘的肥力，在虾藕之间形成了互利关系，因而可以提高莲藕产量25%以上。

1. 藕塘的准备

莲藕池养小龙虾，池塘要求选择通风向阳，光照好，池底平坦，水深适宜，水源充足，水质良好，排灌方便，水的 pH 值 6.5～8.5，溶氧不低于 4 毫克/升，没有工业废水污染，注排水方便，土层较厚，保水保肥性强，洪水不淹没，干旱时不缺水。面积 3～5 亩，平均水深 1.2 米，东西向为好。

2. 田间工程建设

养殖小龙虾的藕田也有一定的讲究，就是要先做一下基本改造，即加高加宽加固池埂，埂一般比藕塘平面高出 0.5～1 米，埂面宽 1～2 米，敲打结实，堵塞漏洞，以防止逃虾和提高蓄水能力。

在藕塘两边的对角设置进出水口，进水口比塘面略高，出水口比虾沟略低。进出水口要安装密眼铁丝网，以防逃虾和野杂鱼等敌害生物进入。

藕田也要开挖围沟、虾坑，目的是在高温、藕池浅灌、追肥时为小龙虾提供藏身之地及投喂和观察其吃食、活动情况。可按"田"或"十"或"目"字形开挖虾沟，虾沟距田埂内侧 1.5 米左右，沟宽 1.5 米，深 0.8 米。

在藕田的一端或一角可设置一小块暂养池，水深为 0.5 米，主要用于培育、暂养虾苗和收集成虾。

3. 防逃设施

防逃设施简单，用钙塑板或硬质塑料薄膜等光滑耐用材料埋入土中 20 厘米，土上露出 50 厘米即可。外侧用木桩或竹竿等每隔 50～70 厘米支撑固定，顶部用细铁丝或结实绳子将防逃膜固定。防逃膜不应有褶，接头处光滑且不留缝隙，拐角处呈弧形。

4. 施肥

种藕前15~20天，田间工程完成后先翻耕晒田，每亩撒施发酵鸡粪等有机肥800~1000千克，耕翻耙平，然后每亩用80~100千克生石灰消毒。

5. 选择优良种藕

种藕应选择少花无蓬、性状优良的品种，如慢藕、湖藕、鄂莲二号、鄂莲四号、海南洲、武莲二号、莲香一号、白莲藕等。种藕一般是临近栽植才挖起，需要选择具有本品种的特性，最好是有3~4节以上，子藕、孙藕齐全的全藕，要求顶芽完整、种藕粗壮、芽旺，无病虫害，无损伤，2节以上或整节藕均可。若使用前两节作藕种，后把节必须保留完整，以防进水腐烂。

6. 种藕时间

种藕时间一般在清明至谷雨前后栽种为宜，一定要在种藕顶芽萌动前栽种完毕。

7. 排藕技术

莲藕下塘时宜采取随挖、随选、随栽的方法，也可实行催芽后栽植。如当天栽植不完，应洒水覆盖保湿，防止叶芽干枯。排藕时，行距2~3米，穴距1.5~2米，每穴排藕或子藕2枝，每亩需种藕60~150千克。

栽植时分平栽和斜栽。深度以种藕不浮漂和不动摇为度。先按一定距离挖一斜行浅沟，将种藕藕头向下，倾斜埋入泥中或直接将种藕斜插入泥中，藕头入土的深度10~12厘米，后把入泥5厘米。斜插时，把藕节翘起20°~30°，以利吸收阳光，提高地温，提早发芽。要确保荷叶覆盖面积约占全池50%，不可过密。

另外，在栽植时，原则上藕田四周边行，藕头一律朝向田内，目的是防止藕鞭生长时伸出田外。相邻两行的种藕位置应相互错开，藕头相互对应，以便将来藕鞭和叶片在田间均匀分布，以利高产。

在种藕的挖取、运输、种植时要仔细，防止损伤，特别要注意保护顶芽和须根。

8.藕池水位调节

莲藕适宜的生长温度是 21～25℃。因此，藕池的管理，主要通过放水深浅来调节温度。排藕 10 余天到萌芽期，水深保持在 8～10 厘米，以后随着分枝和立叶的旺盛生长，水深逐渐加深到 25 厘米；采收前 1 个月，水深再次降低到 8～10 厘米，水过深要及时排除。

9.小龙虾放养

放养前的一些准备工作：在藕田养殖小龙虾时，在小龙虾苗入田前必须做好一些准备工作，主要包括：放养前 10 天用 25 毫克/升石灰水全池泼洒消毒藕池；在虾沟和虾坑内投放轮叶黑藻、苦草、水花生、空心菜、菹草等沉水性植物，供虾苗栖息、隐蔽；清明节前，每亩投放活螺蛳 250 千克，产出的小螺蛳供小龙虾作为适口的饵料生物。

（1）虾种选择　选购色泽光亮，活力强，附肢齐全，离水时间短，无病无伤的虾苗，体长 3～5 厘米，规格大小以每千克 300～400 尾为宜。也可以随时放养一些抱卵亲虾。

（2）放养时间　一般在藕成活且长出第一片叶后放虾种，时间大约在 5 月 10 日前后，此时水温基本上稳定在 16℃。

（3）放养密度　为了提高饲养商品率，建议投放体长 2 厘米左右的虾苗，每亩水面投放 2000 尾。虾种下塘前用

3％食盐水或 5～10 毫克/升的高锰酸钾溶液浸泡 5～10 分钟，可以有效地防止虾体带入细菌和寄生虫。同时每亩搭配投放鲫鱼种 10 尾、鳙鱼种 20 尾，规格为每尾 20 克左右。不宜混养草食性鱼类（如草鱼、鲂鱼），以防吃掉藕芽嫩叶等。

（4）放养时的处理技巧　如果是本地就近收购的虾苗虾种，要做到随购随放，但如果是从外地购进的虾苗，在放养时应采取缓苗处理，处理技巧就是将虾苗在藕田的水内浸泡 3 分钟，提起搁置 5 分钟，再浸泡 3 分钟，如此反复 3 次，让虾苗体表和鳃腔吸足水分后再放养，可有效提高虾苗成活率。

10. 小龙虾投饵

虾种下塘后第 3 天开始投喂。选择虾坑作投饵点，每天投喂 2 次，分别为上午 7～8 时、下午 4～5 时，日投喂量为虾总体重 3％左右，具体投喂数量根据天气、水质、鱼吃食和活动情况灵活掌握。饲料为自制配合饲料，主要成分是豆粕、麦麸、玉米、血粉、鱼粉、饲料添加剂等，粗蛋白含量 34％左右，饲料为浮性，粒径 2～5 毫米，饲料定点投在饲料台上。

11. 巡视藕池

对藕池进行巡视是藕虾生产过程中的基本工作之一，只有经过巡池才能及时发现问题，并根据具体情况及时采取相应措施，故每天必须坚持早、中、晚 3 次巡池。

巡池的主要内容：检查田埂有无洞穴或塌陷，一旦发现应及时堵塞或修整；检查水位，始终保持适当的水位；在投喂时注意观察虾的吃食情况，相应增加或减少投量；防治疾病，经常检查藕的叶片、叶柄是否正常，

122

结合投喂、施肥观察虾的活动情况，及早发现疾病，对症下药；同时要加强防毒、防盗的管理，也要保证环境安静。

12. 适时追肥

莲藕的生长是需要肥力的，因此适时追肥是必不可少的。第 1 次追肥可在藕下种后 30～40 天第 2、3 片立叶出现，正进入旺盛生长期时进行，每亩施发酵的鸡粪或猪粪肥 150 千克。第 2 次追肥在小暑前后，这时田藕基本封行，如长势不旺，隔 7～10 天可酌情再追肥 1 次；如果长势挺好，就不需要再追肥了。施肥应选晴朗无风的天气，不可在阳光强烈的中午进行，每次施肥前应放浅田水，让肥料吸入土中，然后再灌至原来的程度。施肥时可采取半边先施、半边后施的方法进行，且要避开小龙虾大量蜕壳期。

13. 水位调控

在藕虾混作中，应以藕为主，以小龙虾为辅。因此，水位的调节应服从于藕的生长需要。最好是虾藕兼顾。栽培初期藕处于萌芽阶段，为提高地温，保持 10 厘米水位。随着气温不断升高，及时加注新水，水位增至 20 厘米，合理调节水深以利于藕的正常光合作用和生长。6 月初水位升至最高，达到 1.2～1.5 米。7～9 月，每 15 天换水 10 厘米，换水可采用边排边灌的方法，切忌急水冲灌，每月每立方米水体用生石灰 15 克化水后沿虾沟均匀泼洒一次，以调节水体 pH 值，增加水体中钙离子的浓度，供给小龙虾吸收。秋分后气温下降，叶逐渐枯死，这时应放浅水位，水位控制在 25 厘米左右，以提高地温，促进地下茎充实长圆。

14. 防病

小龙虾养殖的关键在于营造和维护良好水环境，保持水质肥、爽、活、嫩和充足的溶解氧含量，以保证其旺盛的食欲和快速生长。这样它的疾病就非常少，因此可不作重点预防和治疗。莲藕的虫害主要是蚜虫，可用40％乐果乳油1000～1500倍液或抗蚜威200倍液喷雾防治。病害主要是腐败病，应实行2～3年的轮作换茬，在发病初期可用50％多菌灵可湿性粉剂600倍液加75％百菌清可湿性粉剂600倍液喷洒防治。

二、小龙虾与芡实混养

芡实，俗称"鸡头米"，性喜温暖，不耐霜冻、干旱，一生不能离水，全生育期为180～200天，是滨湖圩内发展避洪农业的高产、优质、高效经济作物。它集药用、保健于一体，市场畅销，具有良好的发展潜力。安徽省天长市天野芡实经济合作社依据良好的气候条件和滨湖水资源丰富的特点，自2002年开始引种，并获得成功。

1. 池塘准备

池塘要求光照好，池底平坦，池埂坚实，进排水方便，不渗漏，水源充足，水质清新，水底土壤以疏松、中等肥力的黏泥为好，带沙性的溪流和酸性大的污染水塘不宜栽种。池塘底泥厚30～40厘米，面积3～5亩，平均水深1.0米。开挖好围沟、虾坑，目的是在高温、芡实池浅灌、追肥时为小龙虾提供藏身之地，并在投喂时观察其吃食、活动情况。

2. 防逃设施

防逃设施简单，用硬质塑料薄膜埋入土中20厘米，土上露出 50 厘米即可。

3. 施肥

在种芡实前 10～15 天，每亩撒施发酵鸡粪等有机肥 600～800 千克，耕翻耙平，然后每亩用 90～100 千克生石灰消毒。为促进植株健壮生长，可在 8 月盛花期追施磷酸二氢钾 3～4 次。施用方法可用带细孔的塑料薄膜小袋，内装 20 克左右速效性磷肥，施入泥下 10～15 厘米处，每次追肥变换位置。

4. 芡实栽培

(1) 种子播种　芡实要适时播种，春秋两季均可，尤以 9～10 月的秋季为好。播种时，选用新鲜饱满的种子撒在泥土稍干的塘内。若春雨多，池塘水满，在 3～4 月春播种子不易均匀撒播时，可用湿润的泥土捏成小土团，每团掺入种子 3～4 粒，按瘦塘 130～170 厘米，肥塘 200 厘米的距离投入一个土团，种子随土团沉入水底，便可出苗生长。

(2) 幼芽移栽　在往年种过芡实的地方，来年不用再播种。因其果实成熟后会自然裂开，有部分种子散落塘内，来年便可萌芽生长。当叶浮出水面，直径 15～20 厘米时便可移栽。栽时，连苗带泥取出，栽入池塘中，覆好泥土，使生长点露出泥面，根系自然舒展开，使叶子漂浮水面，以后随着苗的生长逐步加水。

5. 水位调节

池塘的管理，主要通过池水深浅来调节温度。从芡实入池 10 余天到萌芽期，水深保持在 40 厘米；以后随着分枝的旺盛生长，水深逐渐加深到 120 厘米；采收前 1 个月，水深降低到 50 厘米。

6. 小龙虾的放养与投饵

在芡实池中放养小龙虾，放养时间及放养技巧和常规养殖也是有讲究的，一般在芡实成活且长出第一片叶后放虾种。为了提高饲养商品率，建议投放体长 2.5 厘米左右的小龙虾，每亩水面投放 1500 尾。虾种下塘前用 3% 食盐水浸泡 5～10 分钟，同时每亩搭配投放鲫鱼种 10 尾、鲂鱼种 20 尾，规格为每尾 20 克左右。不宜混养草食性鱼类（如草鱼、鲂鱼）。

虾种下塘后第 3 天开始投喂，选择虾坑作投饵点，每天投喂 2 次，分别为上午 7～8 时、下午 4～5 时，日投喂量为虾总体重 3% 左右，具体投喂数量根据天气、水质、虾吃食和活动情况灵活掌握。饲料为自制配合饲料，主要成分是豆粕、麦麸、玉米、血粉、鱼粉、饲料添加剂等，粗蛋白含量 30%，饲料为浮性，粒径 2～5 毫米，饲料定点投在饲料台上。

7. 注水

当芡实幼苗浮出水面后，要及时调节株行距，将过密的苗除去，移到缺苗的地方。由于芡实的生长发育时期不同，对水分的要求也不同，故调节水量是田间管理的关键。要掌握"春浅、夏深、秋放、冬蓄"的原则。春季水浅，能受到阳光照射，可提高土温，利于幼苗生长；夏季水深，可促进叶柄伸长，6 月初水位升至最高，达到 1.2～1.5 米；秋季适当放水，能促进果实成熟；冬季蓄水可使种子在水底安全度冬。值得注意的是，在不同时期进行注水时，一定要兼顾小龙虾的需水要求。

8. 防病

防病主要是针对芡实而言的，芡实的主要病害是霜霉病，可用 500 倍代森锌液喷洒或代森铵粉剂喷撒。芡实的主要虫害是蚜虫，可用 40％乐果 1000 倍液喷杀。

三、小龙虾与茭白混养

1. 池塘选择

水源充足、无污染、排污方便、保水力强、耕层深厚、肥力中上等、面积在 1 亩以上的池塘均可用于种植茭白养虾。

2. 虾坑修建

沿埂内四周开挖宽 1.5～2.0 米、深 0.5～0.8 米的环形虾坑，池塘较大的中间还要适当开挖中间沟，中间沟宽 0.5～1 米，深 0.5 米。环形虾坑和中间沟内投放用轮叶黑藻、眼子菜、苦草、菹草等沉水性植物制作的草堆，塘边角还用竹子固定浮植少量漂浮性植物（如水葫芦、浮萍等）。虾坑开挖的时间为冬春茭白移栽结束后进行，总面积占池塘总面积的 8％，每个虾坑面积最大不超过 200 米^2，可均匀地多开挖几个虾坑，开挖深度为 1.2～1.5 米，开挖位置选择在池塘中部或进水口处，虾坑的其中一边靠近池埂，以便于投喂和管理。开挖虾坑的目的是在施用化肥、农药时，让小龙虾集中在虾坑避害，在夏季水温较高时，小龙虾可在虾坑中避暑；方便定点在虾坑中投喂饲料，饲料投入虾坑中，也便于检查小龙虾的摄食、活动及虾病情况；虾坑亦可作防旱蓄水等之用。在放养小龙虾前，要将池塘进排水口安装网拦设施。

3. 防逃设施

防逃设施简单，用硬质塑料薄膜埋入土中 20 厘米，土上露出 50 厘米即可。

4. 施肥

每年的 2～3 月种茭白前施底肥，可用腐熟的猪、牛粪和绿肥 1500 千克/亩，钙镁磷肥 20 千克/亩，复合肥 30 千克/亩。翻入土层内，耙平耙细，肥泥整合，即可移栽茭白苗。

5. 选好茭白种苗

在 9 月中旬至 10 月初，于秋茭采收时进行选种，以浙茭 2 号、浙茭 911、浙茭 991、大苗茭、软尾茭、中介壳、一点红、象牙茭、寒头茭、梭子茭、小腊茭、中腊台、两头早为主。选择植株健壮，高度中等，茎秆扁平，纯度高的优质茭株作为留种株。

6. 适时移栽茭白

茭白用无性繁殖法种植，长江流域于 4～5 月间选择那些生长整齐，茭白粗壮、洁白，分蘖多的植株作种株。用根茎分蘖苗切墩移栽，母墩萌芽高 33～40 厘米时，茭白有 3～4 片真叶。将茭墩挖起，用利刃顺分蘖处劈开成数小墩，每墩带匍匐茎和健壮分蘖芽 4～6 个，剪去叶片，保留叶鞘长 16～26 厘米，减少蒸发，以利提早成活，随挖、随分、随栽。株行距按栽植时期、分墩苗数和采收次数而定，双季茭采用大小行种植，大行行距 1 米，小行 80 厘米，穴距 50～65 厘米，每亩 1000～1200 穴，每穴 6～7 苗。栽植方式以 45°角斜插为好，深度以根茎和分蘖基部入土，而分蘖苗芽稍露水面为度。定植 3～4 天后检查一次，栽植过深的苗，稍提高使之浅些，栽植过浅的苗宜再压下使之深些，并做好补苗工作，确保全苗。

7. 放养小龙虾

在茭白苗移栽前 10 天，对虾坑进行消毒处理。新建的虾坑，一定要先用清水浸泡 7～10 天后，再换新鲜的水继续浸泡 7 天后才能放虾，每亩可放养 2～3 厘米的小龙虾幼虾 5000～10000 尾，应将幼虾投放在浅水及水葫芦浮植区；在虾种投放时，用 3%～5% 的食盐水浸浴虾种 5 分钟，以防虾病的发生。

8. 科学管理

（1）水质管理　茭白池塘的水位根据茭白生长发育特性灵活掌握，萌芽前灌浅水 30 厘米，以提高土温，促进萌发；栽后促进成活，保持水深 50～80 厘米；分蘖前仍宜浅水 80 厘米，促进分蘖和发根；至分蘖后期，加深至 100～120 厘米，控制无效分蘖。7～8 月高温期宜保持水深 130～150 厘米，并做到经常换水降温，以减少病虫危害，雨季宜注意排水。在每次追肥前后几天，需放干或保持浅水，待肥吸收入土后再恢复到原来水位。每半个月投放一次水草，沿田边环形沟和田间沟多点堆放。

（2）科学投喂　可投喂自制混合饲料或者购买虾类专用饲料，也可投喂一些动物性饲料，如螺蚌肉、鱼肉、蚯蚓或捞取的枝角类、桡足类、动物屠宰厂的下脚料等，沿田边四周浅水区定点多点投喂。投喂量一般为虾体重的 5%～10%，采取"四定"投喂法，傍晚投料要占全日量的 70%。每天投喂两次饲料，早 8～9 时投喂一次，傍晚 18～19 时投喂一次。

（3）科学施肥　茭白植株高大，需肥量大，应重施有机肥作基肥。基肥常用人畜粪、绿肥，追肥多用化肥，宜少量多次，可选用尿素、复合肥、钾肥等，禁用碳酸氢铵；有机肥应占总肥量的 70%；基肥在茭白移植前深施；追肥应采用"重、轻、重"的原则。具体施肥可分四个步骤：在栽植后 10 天左右，茭株已长出新根成活，施第一次追肥，每亩施人粪尿肥 500 千克，称为提苗肥；第二次在分蘖初期每亩施人粪尿肥 1000 千克，以促进生长和分蘖，称为分蘖肥；第三次追肥在分蘖盛期，如植株长势较弱，适当追施尿素每亩 5～10 千克，称为调节肥，如植株长势旺盛可免施追肥；第四次追肥在孕茭始期，每亩施腐熟粪肥 1500～2000 千克，称为催茭肥。

（4）茭白用药　应对症选用高效低毒、低残留、对混养的小龙虾没有影响的农药。如杀虫双、叶蝉散、乐果、敌百虫、井冈霉素、多菌灵等。禁用除草剂及毒性较大的呋喃丹、杀螟松、三唑磷、毒杀酚、波尔多液、五氯酚钠等，慎用稻瘟净、马拉硫磷。粉剂农药在露水未干前使用，水剂农药在露水干后喷洒。施药后及时换注新水，严禁在中午高温时喷药。

孕茭期有大螟、二化螟、长绿飞虱等虫害，应在害虫幼龄期，每亩用 50％杀螟松乳油 100 克加水 75～100 千克泼浇，或用 90％敌百虫和 40％乐果 1000 倍液在剥除老叶后，逐棵用药灌心。立秋后发生蚜虫、叶蝉和蓟马，可用40％乐果乳剂 1000 倍、10％叶蝉散可湿性粉剂 200～300 克加水 50～75 千克喷洒。茭白锈病可用 1：800 倍敌锈钠喷洒，效果良好。

9. 茭白采收

茭白按采收季节可分为一熟茭和两熟茭。一熟茭，又称单季茭，在秋季日照变短后才能孕茭，每年只在秋季采收一次。春种的一熟茭栽培早，每墩苗数多，采收期也早，一般在 8 月下旬至 9 月下旬采收。夏种的一熟茭一般在 9 月下旬开始采收，11 月下旬采收结束。茭白成熟采收标准是，随着基部老叶逐渐枯黄，心叶逐渐缩短，叶色转淡，假茎中部逐渐膨大和变扁，叶鞘被挤向左右，当假茎露出 1～2 厘米的洁白茭肉时，称为"露白"，为采收最适宜时期。夏茭孕茭时，气温较高，假茎膨大速度较快，从开始孕茭至可采收，一般需 7～10 天。秋茭孕茭时，气温较低，假茎膨大速度较慢，从开始孕茭至可采收，一般需要 14～18 天。但是不同品种孕茭至采收期所经历的时间有差异。茭白一般采取分批采收，每隔 3～4 天采收一次，每次采收都要将老叶剥掉。采收茭白后，应该用手把墩内的烂泥培上植株茎部，既可促进分蘖和生长，又可使茭白幼嫩而洁白。

10. 小龙虾收获

5 月开始可用地笼、虾笼对小龙虾进行捕捞收获，将地笼固定放置在茭白塘中，每天早晨将进入地笼的小龙虾收取上市。直至 6 月底可放干茭白塘的水，彻底收获。有条件的可实行小龙虾的两季饲养。

四、小龙虾与菱角混养

菱角又叫菱、水粟等，一年生浮叶水生草本植物，菱肉含淀粉、蛋白质、脂肪，嫩果可生食，老熟果含淀粉多，或熟食或加工制成菱粉。收菱后，菱盘还可当作饲料或肥料。

1. 菱塘的选择和建设

菱塘应选择在地势低洼、水源条件好、灌排方便的地方。一般以 5～10 亩的菱塘为宜，在水深不超过 150 厘米、风浪不大、底土松软肥沃的河湾、湖荡、沟渠、池塘种植。

2. 菱角的品种选择

菱角的品种较多，有四角菱、两角菱、无角菱等，从外皮的颜色上又分为青菱、红菱、淡红菱3种。四角菱类有馄饨菱、小白菱、水红菱、沙角菱、大青菱、邵伯菱等；两角菱类有扒菱、蝙蝠菱、五月菱、七月菱等；无角菱仅有南湖菱一种。最好选用果形大、肉质鲜嫩的水红菱、南湖菱、大青菱等作为种植品种。

3. 菱角栽培

（1）直播栽培菱角　在2米以内的浅水中种菱，多用直播。一般在天气稳定在12℃以上时播种，例如长江流域宜在清明前后7天内播种，而京、津地区可在谷雨前后播种。播前先催芽，芽长不要超过1.5厘米，播时先清池，清除野菱、水草、青苔等。播种方式以条播为宜，条播时，根据菱池地形，划成纵行，行距2.6～3米，每亩用种量20～25千克。

（2）育苗移栽菱角　在水深3～5米地方，直播出苗比较困难，即使出苗，苗也纤细瘦弱，产量不高，此时可采取育苗移栽的方法。一般可选用向阳、水位浅、土质肥、排灌方便的池塘作为苗地，实施条播。育苗时，将种菱放在5～6厘米浅水池中利用阳光保温催芽，5～7天换一次水。发芽后移至繁殖田，等茎叶长满后再进行幼苗定植，每8～10株菱盘为一束，用草绳结扎，用长柄铁叉住菱束绳头，栽植水底泥土中，栽植密度按株行距1米×2米或1.3米×1.3米定穴，每穴种3～4株苗。

4. 小龙虾的放养

在菱塘里放养小龙虾，方法与茭白塘放养小龙虾基本上是一致的，在菱塘苗移栽前10天，对池塘进行消毒处理。在虾种投放时，用 3%～5% 的食盐水浸浴虾种 5 分钟，以防虾病的发生。同时配养 15 厘米鲢、鳙鱼或 7～10 厘米的鲫鱼 30 尾。

5. 菱角塘的日常管理

在菱角和小龙虾的生长过程中，菱塘管理要着重抓好以下几点：

（1）建菱垄 等直播的菱苗出水后，或菱苗移栽后，就要立即建菱垄，以防风浪冲击和杂草漂入菱群。方法是在菱塘外围，打下木桩，木桩长度依据水深浅而定，通常要求入土 30～60 厘米，出水 1 米，木桩之间围捆草绳，绳直径 1.5 厘米，绳上系水花生，每隔 33 厘米系一段。

（2）除杂草 要及时清除菱塘中的槐叶萍、水鳖草、水绵、野菱等，由于菱角对除草剂敏感，必要时进行手工除草。

（3）水质管理 移栽前对水域进行清理，清除杂草水苔，捕捞草食性鱼类。为提高产品质量，灌溉水一定要清洁无污染。生长过程中水层不宜大起大落，否则影响分枝成苗率。移栽后到 6 月底，保持菱塘水深 20～30 厘米，增温促蘖，每隔 15 天换一次水。7 月后随着气温升高，菱塘水深逐步增加到 45～50 厘米。在盛夏可将水逐渐加深到 1.5 米，最深不超过 2 米。采收时，为方便操作，水深降到 35 厘米左右。从 7 月开始，要求每隔 7 天换水一次，确保菱塘水质清洁，在红菱开花至幼果期，更要注意水质。

（4）施肥 栽后 15 天菱苗已基本活棵，每亩撒施 5 千克尿素提苗，1 个月后猛施促花肥，每亩施磷酸二铵 10 千克，促早开花，争取前期产量。初花期可进行叶面喷施磷、钾肥，方法是在 50 千克水中加 0.5~1 千克过磷酸钙和草木灰，浸泡一夜，取其澄清液，每隔 7 天喷一次，共喷 2~3 次。以上午 8~9 时，下午 4~5 时喷肥为宜。等全田 90％以上的菱盘结有 3~4 个果角时，再施入三元复合肥 15 千克，称为结果肥。以后每采摘一次即施入复合肥 10 千克左右，连施三次，以防早衰。

（5）病虫害防治　菱角的虫害主要有菱叶甲、菱金花虫等，特别是初夏雾雨天后虫害增多，一般农药防治用 80％杀虫单 400 倍、18％杀虫双 500 倍，如发现蚜虫用 10％吡虫啉 2000 倍液进行喷杀。

菱角的病害主要有菱瘟、白烂病等，在闷热湿度大时易发生。防治方法一是采用农业防治，就是勤换水，保持水质清洁；二是在初发时，应及时摘除，晒干烧毁或深埋病叶；三是化学防治，发病用 50％甲基托布津 1000 倍液喷雾或 50％多菌灵 600~800 倍液喷雾，从始花期开始，每隔 7 天喷药一次，连喷 2~3 次。

（6）加强投喂　根据季节辅喂精料，如菜饼、豆渣、麦麸皮、米糠、蚯蚓、蝇蛆、颗粒料和其他水生动物等。可投喂自制混合饲料或者购买虾饲料，定时定量进行投喂。投喂量一般为虾体重的 5％~10％，采取"四定"投喂法，傍晚投料要占全日量的 70％。

6. 菱角采收

菱角采收，自处暑、白露开始，到霜降为止，每隔 5~7 天采 1 次，共采收 6~7 次。采菱时，要做到"三轻"和"三防"。"三轻"是指：提盘要轻，摘菱轻，放盘轻。"三防"是指：一防猛拉菱盘，植株受伤，老菱落水；二防采菱速度不一，老菱漏采，被船挤落水中；三防老嫩一

134

起抓。总之，要老嫩分清，将老菱采摘干净。

五、小龙虾与菱角、河蚌混养

小龙虾与菱角、河蚌一起混养的方式和小龙虾与菱角的混养基本一致，所不同的是河蚌的投放。一般根据不同的目的而有不同的投放模式，如果是为了吊挂珍珠，可投放褶纹冠蚌或三角帆蚌或日本池蝶蚌，密度要稀一点，亩投放 1000 只；如果是为了在春节前后为市场提供菜蚌或是为小龙虾提供动物性饵料，则宜投放已经发育的亲蚌或大一点的种蚌，每亩可投放 300~400 千克。

六、小龙虾与水芹混养

水芹菜既是一种蔬菜，也是水生动物的一种好饲料，它的种植时间和小龙虾的养殖时间明显错开，双方能起到互相利用空间和时间的优势，在生态效益上也是互惠互利的，在许多水芹种植地区已经开始把它们作为主要的轮作方式之一，取得了明显的效果。

水芹菜是冷水性植物，它的种植时间是在每年的 8 月份开始育苗，9 月份开始定植，也可以一步到位，直接放在池塘中种植即可，11 月底开始向市场供应水芹菜，直到翌年的 3 月初结束。3~8 月这段时间基本上是处于空闲状态，而这时正是小龙虾养殖和上市的高峰期。两者结合可以将池塘全年综合利用，经济效益明显，是一种很有推广前途的种养相结合的生产模式。

1. 田地改造

水芹田的大小以 5 亩为宜，最好是长方形，以确保供小龙虾打洞的田埂更多，在田块周围按稻田养殖的方式开挖环沟和中央沟，沟宽 1.5 米，深 75 厘米。开挖的泥土除了用于加固池埂外，主要是放在离沟 5 米左右的田地中，做成一条条小埂，小埂宽 30 厘米即可，长度不限。

水源要充足，排灌要方便，进排水要分开，进排水口可用 60 目的网布扎好，以防小龙虾从水口逃逸以及外源性敌害生物侵入。田内除了小埂外，其他部位要平整，方便水芹菜的种植，溶氧要保持在 5 毫克/升。

为了防止小龙虾在下雨天或因其他原因逃逸，防逃设施是必不可少的。根据经验，只要在放虾前 2 天做好就行，材料多样，可以就地取材，不过最经济实用的还是用 60 厘米的纱窗埋在埂上，入土 15 厘米，在纱窗上端缝一宽 30 厘米的硬质塑料薄膜就可以了。

2. 放养前的准备工作

（1）清池消毒　和前文一样的方法与剂量。

（2）水草种植　在有水芹的区域里不需要种植水草，但是在环沟里还是需要种植水草的，这些水草对于小龙虾度过盛夏高温季节是非常有帮助的。水草品种优选轮叶黑藻、马来眼子菜和光叶眼子菜，其次可选择苦草和伊乐藻，也可用水花生和空心菜，水草种植面积宜占整个环沟面积的 40% 左右。另外，进入夏季后，如果池塘中心的水芹还存在或有较明显的根茎存在时，就不需要补充草源，如果水芹已经全部取完，必须在 4 月前及时移栽水草，确保小龙虾的养殖成功。

（3）放肥培水　在小龙虾放养前 1 周左右，亩施用经腐熟的有机肥 200 千克，用来培育浮游生物。

3. 虾苗放养

在水芹菜里轮作小龙虾，放养小龙虾是有讲究的。由于8月底到9月初是水芹的生长季节，而此时也正是小龙虾亲虾放养的极好时机。经试验发现，在此时期放入小龙虾亲虾后，它们会在一夜间快速打洞，并钻入洞穴中抱卵孵幼，并不出来危害水芹的幼苗，偶尔出洞的也只是极少数小龙虾，而这些抱卵小龙虾是保证来年产量的基础，因此建议虾农可以在9月上旬放养抱卵小龙虾。

如果有的虾农不放心，害怕小龙虾会出来夹断水芹菜的根部，导致水芹菜减产，那么可以选择另一种放养模式，就是在第2年的3月底，每亩放养规格为500尾/千克的幼虾35千克。放养选择晴天的上午10时左右为宜，放养前经过试水和调温后，确保温差在2℃以内。

4. 饲养管理

（1）水质调控

① 池水调节　放养抱卵亲虾的池塘，在入池后，任其打洞穴居，不要轻易改变水位，一切按水芹菜的管理方式进行调节。放养幼虾的池塘，在4～5月水位控制在50厘米左右，透明度在20厘米就可以了，6月以后要经常换水或冲水，防止水质老化或恶化，保持透明度在35厘米左右，pH值6.8～8.4。

② 注冲新水　为了促进小龙虾蜕壳生长和保持水质清新，定期注冲新水是一个非常好的举措，也是必不可少的技术方法。从9月到翌年的3月基本上不用单独为小龙虾换冲水，只要进行正常的水芹菜管理就可以了，从4月开始直到5月底，每10天注冲水一次，每次10～20厘米；6～8月中旬每7天注冲水一次，每次10厘米。

③ 生石灰泼洒　从3月底直到7月中旬，每半月可用生石灰化水泼洒一次，每次用量为15千克/亩，可以有效

地促进小龙虾的蜕壳。

（2）饲料投喂　在小龙虾养殖期间，小龙虾除能利用春季留下未售的水芹菜叶、菜茎、菜根和部分水草外，还是要投喂饲料的，具体的投喂种类和投喂方法与前面介绍的一样。

（3）日常管理　在小龙虾生长期间，每天坚持早晚各巡塘一次，主要是观察小龙虾的生长情况以及检查防逃设施的完备性，看看池埂是否被小龙虾打洞造成漏水情况。

5．病害防治

主要是预防敌害，包括水蛇、水老鼠、水鸟等。其次是发现疾病或水质恶化时，要及时处理。

6．捕捞

小龙虾的捕捞采取捕大留小、天天张捕的措施，从 4 月份开始坚持每天用地笼在环形沟内张捕，8 月份在栽水芹菜前排干池水，用手捉捕。对于那些已经入洞穴居的小龙虾，不要挖洞，任其在洞穴内生活。

7．水芹菜种植

（1）适时整地　在 8 月中旬时，小龙虾基本起捕完毕，可用旋耕机在池塘中央进行旋耕，周边不动，保持底部平整即可。

（2）适量施肥　亩施入腐熟的粪肥 1000 千克，为水芹菜的生长提供充足的肥源。

（3）水芹菜的催芽　一般在 7 月底就可以进行了，为了不影响小龙虾最后阶段的生产，可以放在另外的地方催芽，催芽温度要在 27～28℃开始。

（4）排种　经过 15 天左右的催芽处理，芽已经长到 2 厘米时就可以排种了，排种时间在 8 月下旬为宜。为了防止刚入水的小嫩芽被太阳晒死，建议排种的具体时间应选择在阴天或晴天的 16 时以后进行。排种时将母茎基部朝外，芽头朝上，间隔 5 厘米排一束，然后轻轻地用泥巴压住茎部。

（5）水位管理　在排种初期的水位管理尤为重要，这是因为一方面此时气温和水温高，可能对小嫩芽造成灼伤；另一方面，为了促进嫩芽尽快生根，池底基本上是不需要水的，所以此时一定要加强管理，在可能的情况下保证水位在 5～10 厘米，待生根后，可慢慢加水至 50～60 厘米。到初冬后，要及时加水位至 1.2 米。

（6）肥料管理　在水位渐渐上升到 40 厘米后，可以适时追肥，一般亩施腐熟粪肥 200 千克，也可以施农用复合肥 10 千克，以后做到看苗情施肥，每次施尿素 3～5 千克/亩。

（7）定苗除草　当水芹菜长到株高 10 厘米时，根据实际情况要及时定苗、匀苗、补苗或间苗，定苗密度为株距 5 厘米比较合适。

（8）病害防治　水芹菜的病害要比小龙虾的病害严重得多，主要有斑枯病、飞虱、蚜虫及各种飞蛾等，可根据不同的情况采用不同的措施来防治病虫害。例如对于蚜虫，可以在短时间内将池塘的水位提升上来，使植株顶部全部淹没在水中，然后用长长的竹竿将漂浮在水面的蚜虫及杂草驱出排水口。

（9）及时采收　水芹菜的采收很简单，就是通过人工在水中将水芹菜连根拔起，然后清除污泥，剔除根须和黄叶及老叶，整理好后，捆扎上市。要强调的是，在离环形沟 50 厘米处的水芹菜带不要收割，作为养殖淡水小龙虾的防护草墙，也可作为来年小龙虾的栖息场所和食料补充，如果有可能的话，在塘中间的水芹菜也可以适当留一些，不要全部弄光，那些水芹菜的根须最好留在池内。

七、小龙虾与慈姑混养

慈姑又叫剪刀草、燕尾草、茨菰，性喜温暖的水温，原产于我国东南地区，南方各省均有栽培，以珠江三角洲及太湖沿岸最多，既是一种蔬菜，也是水生动物的一种好饲料，它的种植时间和小龙虾的养殖时间几乎一致，可以为小龙虾的生长起到水草所有的作用，在生态效益上也是互惠互利的，在许多慈姑种植地区已经开始把慈姑和小龙虾的混养作为当地主要的种养方式之一，取得了明显的效果。

1. 慈姑栽培季节

慈姑一般在3月育苗，苗期40～50天，6月假植，8月定植，定植适期为寒露至霜降，12月至翌年2月采收。

2. 慈姑品种的选择

生产中一般选用青紫皮或黄白皮等早熟、高产、质优的慈姑品种。主要有广东白肉慈姑、沙姑，浙江海盐沈荡慈姑，江苏宝应刮老乌（又叫紫圆）和苏州黄（又叫白衣），广西桂林白慈姑、梧州慈姑等。

3. 慈姑田的处理

慈姑田的大小以5亩为宜，水源要充足，排灌要方便，进排水要分开，进排水口可用60目的网布扎好，以防小龙虾从水口逃逸以及外源性敌害生物侵入，宜选择耕作层20～40厘米，土壤软烂、疏松、肥沃，含有机质多的水田栽培。最好是长方形，以确保供小龙虾打洞的田埂更多，在田块周围按稻田养殖的方式开挖环沟和中央沟，沟宽 1.5 米，深 75 厘米，开挖的泥土除了用于加固池埂外，主要是放在离沟 5 米左右的田地中，做成一条条的小埂，小埂宽 30 厘米即可，长度不限。田内除了小埂外，其他部位要平整，方便慈姑的种植，溶氧要保持在 5 毫克/升。

4. 培育壮苗

慈姑以球茎繁殖，各地都行育苗移栽。按利用球茎部位不同分为两种：一种是以球茎顶芽；另一种是整个球茎进行育苗。一般生产上都是利用整个球茎或球茎上的顶芽进行繁殖。无论采用哪种繁殖方法，都要选用成熟、肥大端正、具有本品种特性、枯芽粗短而弯曲的球茎作种。

3 月中旬选择背风向阳的田块作育苗床，亩施腐熟厩肥 1000 千克作基肥，耙平，按东西向做成宽 1 米的高畦，浇水湿润床土。

取出留种球茎的顶芽，用窝席圈好，或放入箩筐内，上覆湿稻草，干时洒水，晴天置于阳光下取暖，保持温度在 15℃以上，经 12 天左右出芽后，即可播芽育苗。4 月中旬播种育苗。选用球茎较大、顶芽粗细在 0.5 厘米以上的作种，将顶芽稍带球茎切下，栽于秧田，插播规格可取 10 厘米×10 厘米，此时要将芽的 1/3 或 1/2 插入土中，以免秧苗浮起。插顶芽后水深保持 2～4 厘米，约 10～15 天后开始发芽生根。顶芽发芽生根后长成幼苗，在幼苗长出 2～3 片叶时，适当追施稀薄腐熟人粪尿或化肥 1～2 次，促使姑苗生长健壮整齐。40～50 天后，具有 3～4 片真叶、苗高 26～30 厘米时，就可移栽定植到大田了。每亩用顶芽 10 千克，可供 15 亩大田栽插之用。

5. 定植

栽培地应选择在水质洁净、无污染源、排灌方便、富含有机质的黏壤土水田种植，深翻约 20 厘米，每亩施腐熟的有机肥 1500 千克，并配合草木灰 100 千克、过磷酸钙 25 千克为基肥，翻耕耙平，灌浅水后即可种植，按株行距 40 厘米×50 厘米、每亩 4000～5000 株的要求定植。栽植前，连根拔起秧苗，保留中心嫩叶 2～3 片，摘除外围叶片，仅留叶柄，以免种苗栽后头重脚轻，遇风雨吹打而浮于水面。栽时用手捏住顶芽基部，将秧苗根部插入土中约 10 厘米，使顶芽向上，深度以使顶芽刚刚稳入土中为宜，过深发育不良，过浅易受风吹摇动，并填平根旁空隙，保持 3 厘米水深。同时田边栽植预备苗，以补缺。

6. 肥水管理

养小龙虾的慈姑田生长期以保持浅水层 20 厘米为宜，既防干旱茎叶落黄，又要尽可能满足小龙虾的生长需求。水位调控以"浅－深－浅"为原则，前期苗小，应灌浅水 5 厘米左右；中期生长旺盛，应适当灌深水 30 厘米，并注意勤换清凉新鲜水，以降温防病；后期气温逐渐下降，匍匐茎又大量抽生，是结姑期，应维持田面 5 厘米浅水层，以利结慈姑。

慈姑以基肥为主，追肥为辅。追肥应根据植株生长情况而定，前期以氮肥为主，促进茎叶生长，后期增施磷、钾肥，利于球茎膨大。一般在定植后 10 天左右追第一次肥，亩施腐熟人粪尿 500 千克，或亩施尿素 7 千克，逐株离茎头 10 厘米旁边点施，或点施 45％三元复合肥，可生长更快。播植后 20 天结合中耕除草，在植后 40 天进行第二次追肥，亩施腐熟人粪尿 400 千克，或亩撒施尿素 10

千克、草木灰100千克，或花生麸70千克，以促株叶青绿，球茎膨大。第三次追肥在立冬至小雪前施下，称"壮尾肥"，促慈姑快速结姑。每亩施腐熟人粪尿400千克，或尿素8千克、硫酸钾16千克，或45%三元复合肥35千克。第四次在霜降前重施壮姑肥，每亩用尿粪10千克和硫酸钾25千克混匀施下，或施45%三元复合肥50千克。这次追肥要快，不要拖延，太迟施会导致后期慢生，达不到壮姑作用。

7. 除草、剥叶、圈根、压顶芽头

从慈姑栽植至霜降前要耘田、除杂草2～3次。在耘田除草时，要结合进行剥叶（即剥除植株外围的黄叶，只留中心绿叶5～6片），以改善通风透光条件，减少病虫害发生。

圈根是指在霜降前后3天，在距植株6～9厘米处，用刀或用手插于土中10厘米，转割一圈，把老根和匍匐茎割断。目的是使养分集中，促新匍匐茎生长，促球茎膨大，提高产量和质量。

如果慈姑种植过迟，不宜圈根，应用压顶芽头方式。压头是在10月下旬霜降前后进行，把伸出泥面的分株幼苗，用手斜压入泥中10厘米深处，以压制地上部生长，促地下部膨大成大球茎。

8. 小龙虾放养前的准备工作

（1）清池消毒　和前文一样的方法与剂量。

（2）防逃设施　为了防止小龙虾在下雨天或因其他原因逃逸，防逃设施是必不可少的。只要在放虾前2天做好就行，材料多样，可以就地取材，不过最经济实用的还是用60厘米的纱窗埋在埂上，入土15厘米，在纱窗上端缝一宽 30 厘米的硬质塑料薄膜就可以了。

（3）水草种植　在有慈姑的区域里不需要种植水草，但是在环沟里还是需要种植水草的，这些水草对于小龙虾度过盛夏高温季节非常有帮助。水草品种优选轮叶黑藻、马来眼子菜和光叶眼子菜，其次可选择苦草和伊乐藻，也可用水花生和空心菜，水草种植面积宜占整个环沟面积的40％左右。

（4）放肥培水　在小龙虾放养前 1 周左右，在虾沟内亩施用经腐熟的有机肥 200 千克，用来培育浮游生物供虾取食。

9. 虾苗放养

在慈姑田里放养小龙虾，建议虾农可以在 7 月底到 9 月初放养抱卵小龙虾。

10. 饲养管理

（1）饲料投喂　在小龙虾养殖期间，小龙虾除可以利用慈姑的老叶、浮游生物和部分水草外，还是要投喂饲料，具体的投喂种类和投喂方法与前面介绍的一样。

（2）池水调节　放养抱卵亲虾的池塘，在入池后，任其打洞穴居，不要轻易改变水位，一切按慈姑的管理方式进行调节。为了促进小龙虾蜕壳生长和保持水质清新，必须定期注冲新水。第 2 年 4～5 月水位控制在 50 厘米左右，每 10 天注冲水一次，每次 10～20 厘米，6 月以后要经常换水或冲水，防止水质老化或恶化，pH 值为6.8～8.4。

（3）生石灰泼洒　每半月可用生石灰化水泼洒一次，每次用量为 15 千克/亩，可以有效地促进小龙虾的蜕壳。

（4）加强日常管理　在小龙虾生长期间，每天坚持早晚各巡塘一次，主要是观察小龙虾的生长情况以及检查防逃设施是否完备，看看池埂有无被小龙虾打洞造成漏水情况。

11. 病害防治

小龙虾的疾病很少，主要是预防敌害，包括水蛇、水老鼠、水鸟等。其次是发现疾病或水质恶化时，要及时处理。

慈姑的病害主要是黑粉病和斑纹病，发病初期，黑粉病用25％的粉锈宁对水1000倍或25％的多菌灵对水500倍交替防治；斑纹病用50％代森锰锌对水500倍或70％的甲基托布津对水800～1000倍交替防治。虫害有蚜虫、蛀虫、稻飞虱等危害，但绝大部分都会成为小龙虾的优质动物性饵料，不需要特别防治。

第十二节　大水面增殖小龙虾

在我国内陆水域中除了人工开挖的池塘养殖、水泥池养殖、流水养殖和全封闭型循环水养殖工程之外，均属大水面，包括江河、湖泊、水库、河道、荡滩、低洼塌陷地、海子等，这些水体都可因地制宜地发展小龙虾的养殖。

开发利用大水面渔业资源具有节地、节粮、节能和节水的优点，在全国500万公顷可养殖水体中，湖泊、水库、河道和荡滩等大水面约占80％，过去长期以来一直都把它们作为"靠天收"的捕捞式养鱼地点。如果在这些大水面中适当放养一些小龙虾，充分利用这些天然水体中的天然饵料，将会使小龙虾的养殖发展迈上一个更高一级的台阶。

一、开发利用大水面养殖小龙虾的方式

各种不同的大水面有它们本身的特点，水域内的天然饵料组成成分也不相同，因此开发大水面一定要做到因地制宜，要综合各种水体的生态环境、水域周边地区的经济实力和管理水平，采用多种实用技术和养殖方法来促进小龙虾养殖事业的发展。

根据各地的经验，我们总结了开发利用大水面养殖小龙虾可以有以下几种方式：

（1）浅型湖泊　它们的特点是水位浅，滩涂多，在这些大水面中养殖小龙虾的方式很多，在湖库滩地，开沟挖渠，建设精养虾池，水深不足 1 米的浅水区，栽种水生经济植物和小龙虾轮养的方式；也可采取低坝高拦和网坝结合的提水养虾方式进行半精养小龙虾；在水深 1～3 米的开敞水域可进行围拦养殖和网箱养小龙虾。

（2）小型湖荡　它们的特点是水面小，但是一般这种水域的生产条件都比较优越，多属富营养类型，有较长的养鱼历史，养殖技术已经过关，是我国当前发展大水面养殖小龙虾的重点水域。

（3）中型湖库　它们的特点就是天然饵料生物资源丰富，适宜小龙虾的繁殖和生长。在这些水域中，在发展小龙虾养殖时，一般是以粗养为主，但要注意对环境资源的保护，在这个前提条件下，可以实行网箱养殖小龙虾、网围养殖小龙虾、网拦养殖小龙虾等方式，大幅度提高小龙虾的产量和经济效益。

（4）大型江河湖库　这些水域主要是以水利、航运、调蓄和灌溉为主要功能，一般不提倡进行大规模的"三网"养殖，在养殖利用小龙虾的方法上，主要是以蓄养为主，宜采取控制捕捞强度，保护增殖天然小龙虾资源为主，进行一些简单的水土改良，灌江纳苗，实行人放天养，粗放粗养，尽可能地提高水域的利用率。但是在重要的水库里还是要谨慎一些，因为小龙虾的打洞能力很强，一定要注意不能对库坝和堤坝造成危害。

二、在大水面中利用"三网"进行小龙虾的增养殖

网箱养殖、网围养殖、网拦养殖合称为"三网"养殖，这是在大水面中进行增养殖的主要技术措施。

网箱养殖小龙虾技术前文已经讲述，这里不再赘述。

网围养殖小龙虾技术是在湖泊、河道、水库等开敞水域，用网片围成一定面积和形状，进行养殖生产的一种技术。这种技术可以充分利用大水面水流畅通、溶氧充足、天然饵料生物丰富等生态条件的优势，结合半精养措施，实现小龙虾配套养殖、轮捕轮放、均衡上市的高效养殖效果，一般也进行投喂，但投喂量要比精养池少得多。这种技术对水位有一定的要求，平均水深要低于 1.5 米，最大水深不能超过 3 米，水位年变幅低于 1 米，水流平缓，流速变化在 1～3 厘米/秒之间才能进行网围养殖。网围内一定要有各种各样的挺水植物、沉水植物或漂浮植物等水草资源，覆盖率不能低于 30%。每亩放 3 厘米长的小龙虾2500 尾，鲢、鳙鱼各 50 尾，每天喂精料 1 次，每亩投料

1～1.5千克。也可投喂自制混合饲料或者购买虾类专用饲料，实行定质、定量、定时、定位的"四定"方针进行饲料分配和投喂。

围拦养殖小龙虾是在湖湾港汊、湖边岸滩、库湾、河道等水域中，依据水面地形，用网片，竹箔或金属网拦截一块水体，至少有一边是靠岸的，投放一定数量的虾种，利用天然和人工饲料，进行养殖生产的一项养虾技术。在湖泊中称为湖汊养虾，在水库中称为库汊养虾。这种围拦养殖小龙虾的方式现在在许多浅水型湖泊被改造成一种新的养殖模式，叫"低坝高拦养虾或低圩高拦养虾"。这种养方式效果非常好，唯一的缺点是对汛期的行洪和泄洪造成极大的影响，现在全国各地已经开始清理，这里也不再鼓励大家进行这种模式来养殖小龙虾了。

三、河道养殖小龙虾

1. 河道养殖小龙虾的条件

河道一般曲折多湾，呈长条形，与陆地接触面相对较大，流进的有机质也多，水质较肥，小龙虾打洞的机会也多，有利于提高小龙虾的养殖产量，也是用于养殖小龙虾的一种重要补充方式。要满足小龙虾的生态条件，河道应具备以下几个条件：

（1）水质要好　养殖小龙虾的河道，应避开工矿企业的排污处，特别是要避开对小龙虾有毒害作用的污染源，就是生活污水，也要经过净化后方可用于养殖。

（2）条件要好　河道两旁的堤坝要牢固，不受洪水和干旱等灾害的影响，要达到涝能排水、旱能保水的要求。河道中进出水口不要太多，并且要确保每个进出水口不能逃虾，另外河道的水底要平坦，便于管理和捕捞。

（3）水位落差　长年水位落差较小，最好不超过1米，水深在1.0～1.5米。

（4）水流　水的流速大，水体交换率高，水体的溶氧高，对养殖小龙虾是有好处的，水的流速以1米/秒内为好。

（5）生物饵料　河道中要有较丰富的水生生物，并能较方便地利用，解决部分饵料问题。

（6）用水矛盾　要了解周围农田灌溉、储水、泄洪等情况，解决好养虾用水和水利方面的矛盾。

2.小龙虾的放养

河道养小龙虾虾种的放养数量、规格与混养比例应根据水体的自然条件、饵料情况、管理水平等来确定。放养方式可分为粗养、半精养和精养。

粗养就是在拦截的河道中放养少量虾种，不投喂饵料，完全依靠水体中天然生物饵料的养殖方式。半精养就是还未达到精养的水平但是比粗养又进了一步的养殖方式，即建筑较牢固的拦虾设施后，投放一定的虾种，除依靠水域中天然生物饵料外，还需投喂一些饵料。精养就是模拟池塘精养的一种方式，在河道中投放较多数量的虾种，靠人工投喂。

放养的种类和数量应依据水质的肥瘦情况确定。在水质较肥的河道中，每亩可以放养规格2～3厘米的小龙虾1500尾左右，同时放养少量的鲢、鳙、鲮等鱼。在河道水质清瘦时，每亩可以放养规格3厘米的小龙虾800尾左右，同时投放鲢、鳙鱼。

3.河道养虾管理

在虾种放养之后，河道养殖的饲养管理工作就要紧紧跟上，主要内容有投饵和防逃。

投饵应按不同季节合理搭配天然饵料和商品饵料，投喂时应将饵料投在食台、食场，各种饲料要新鲜，营养要丰富，各种营养物质的含量要满足小龙虾的需要。由于河道中的水是流动的，因此最好用颗粒饲料投喂，颗粒饲料的大小也要适当。在适宜施肥的河道中，也可以施放一些粪肥、化肥和发酵过的绿肥等，使水变肥，施肥时也应注意将肥料投入靠进水口端。

防逃是河道养殖小龙虾的重要技术关键之一。一是要加强河流进出水口的管理，防止小龙虾外逃；二是要尽量避免人为干扰，防止进出水口不必要的人为逃虾事件；三是平时要定期检查防逃设备，发现破损要及时修补；四是对于河道中堆积的杂草污物要经常清理，保持水流畅通。

4. 河道拦网养殖小龙虾

（1）拦网设置　拦网通常设置在河道宽阔的水面，要求远离航道，环境安静，底部较平，水草较丰富，水质清新，无污染，常年水深 0.8～1.5 米。

（2）材料　网片是聚乙烯网布，网高应超过常年最高水位的 60～80 厘米，网目为 0.8 厘米，拦网形状依据水面的形状而定，面积 5～10 米。在网片上端缝上硬质塑料薄膜作为防逃设施，效果很好。

（3）虾种投放　围网修建好后，先将网内的野杂鱼除去，为了保险起见，最后用电捕器对网内的野杂鱼进行彻底的清除，每亩用 13 千克的漂白粉进行泼洒。投放抱卵虾，可在 8 月上、中旬进行，亩投放量为 25 千克，同时投入部分鲢、鳙鱼。

（4）科学投饵　在围拦区内靠岸浅滩处设精饲料食场，投喂量应根据季节、天气、小龙虾生长及摄食强度等情况确定，日投喂两次，每次要在 1.5 小时内吃完。

（5）管理　在日常管理中，坚持每日巡查，主要是检查网片有无破损，防逃设施的性能是否良好，发现问题要及时修正。在汛期要日夜巡查，防止水位过高，及时清除残饵。每 5 天洗刷一次网片，保证水体交换的正常进行。

第五章 水草与栽培

第一节 水草的作用

在小龙虾的养殖中，水草的多少，对养虾成败非常重要，这是因为水草为小龙虾的生长发育提供极为有利的生态环境，提高苗种成活率和捕捞率，降低了生产成本，对小龙虾养殖起着重要的增产增效的作用。据我们对养殖户的调查表明，池塘种植水草的小龙虾产量比没有水草的池塘的小龙虾产量增产 25％左右，规格增大 2～3.5 克/只，亩效益增加 150 元左右，因此种草养虾显得尤为重要。水草在小龙虾养殖中的作用具体表现在以下几点：

一、模拟生态环境

小龙虾的自然生态环境离不开水草，"虾大小，看水草"、"虾多少，看水草"，说的就是水草的多寡直接影响小龙虾的生长速度和肥满程度；在池塘中种植水草可以模拟和营造生态环境，使小龙虾产生"家"的感觉，有利于小龙虾快速适应环境和快速生长。

二、提供丰富的天然饵料

水草营养丰富，富含蛋白质、粗纤维、脂肪、矿物质和维生素等小龙虾需要的营养物质。池中的水草一方面为小龙虾生长提供了大量的天然优质的植物性饵料，弥补人

152

工饲料不足，降低了生产成本。水草中含有大量活性物质，小龙虾经常食用水草，能够促进胃肠功能的健康运转。另一方面小龙虾喜食的水草还具有鲜、嫩、脆的特点，便于取食，具有很强的适口性。同时水草多的地方，各种水生小动物、昆虫、小鱼、小虾、软体动物螺、蚌及底栖生物等也随之增加，又为小龙虾觅食生长提供了丰富的动物性饵料源。

三、净化水质

小龙虾喜欢在水草丰富、水质清新的环境中生活，水草通过光合作用，能有效地吸收池塘中的二氧化碳、硫化氢和其他无机盐类，降低水中氨氮，起到增加溶氧、净化、改善水质的作用，使水质保持新鲜、清爽，有利于小龙虾快速生长，为小龙虾提供生长发育的适宜生活环境。另外，水草对水体的 pH 值也有一定的稳定作用。

四、隐蔽藏身

小龙虾蜕壳时，喜欢在水位较浅、水体安静的地方进行，在池塘中种植水草，形成水底森林，正好能满足小龙虾这一生长特性，因此它们常常攀附在水草上，丰富的水草形成了一个水下森林，既为小龙虾提供安静的环境，又有利于小龙虾缩短蜕壳时间，减少体能消耗，提高成活率。同时，小龙虾蜕壳后成为"软壳虾"，此时缺乏抵御能力，极易遭受敌害侵袭，水草可起隐蔽作用，使其同类及老鼠、水蛇等敌害不易发现，减少因敌害侵袭而造成的损失。

五、提供攀附物

小龙虾有攀爬习性，尤其是阴雨天，只要在养虾塘中仔细观察，可见到水体中的水葫芦、水花生等的根茎部爬满了小龙虾，将头露出水面进行呼吸，因此水体中的水草为小龙虾提供了呼吸攀附物。另外，水草还可以供小龙虾蜕壳时攀缘附着、固定身体，缩短蜕壳时间，减少体力消耗。

六、调节水温

养虾池中最适应小龙虾生长的水温是20～30℃，当水温低于20℃或高于30℃时，都会使小龙虾的活动量减少，摄食欲望下降。如果水温进一步变化，小龙虾多数会进入洞穴中穴居，影响它的快速生长。在池中种植水草，在冬天可以防风避寒，在炎热夏季水草可为小龙虾提供一个凉爽安定的隐蔽、遮荫、歇凉的生长空间，能遮住阳光直射，可以控制池塘水温的急剧升高，使小龙虾在高温季节也可正常摄食、蜕壳、生长，对提高小龙虾成品的规格起重要作用。

七、防病

科研表明，多种水草具有较好的药理作用，例如喜旱莲子草（即水花生）能较好地抑制细菌和病毒，小龙虾在轻微得病后，可以自行觅食，自我治疗，效果很好。

八、提高成活率

水草可以扩展立体空间，有利于疏散小龙虾密度，防止和减少局部小龙虾密度过大而发生格斗和残食现象，避免不必要的伤亡。另外，水草易使水体保持水体清新，增加水体透明度，稳定 pH 值使水体保持中性偏碱，有利于小龙虾的蜕壳生长，提高小龙虾的成活率。

九、提高品质

小龙虾平时在水草上攀爬摄食，虾体易受阳光照射，有利于钙质的吸引沉积，促进蜕壳生长。另外，水草（特别是优质水草）能促进小龙虾体表的颜色与之相适应，提高品质。再者，小龙虾常在水草上活动，能避免它长时间在洞穴中栖居，使小龙虾的体色更光亮，更洁净，更有市场竞争力。

十、有效防逃

在水草较多的地方，常常富集大量的小龙虾喜食的鱼、虾、贝、藻等鲜活饵料，使小龙虾们产生安全舒适的家的感觉，一般很少逃逸。因此虾池种植丰富优质的水草，是防止小龙虾逃跑的有效措施。

十一、消浪护坡

种植水草，还具有消浪护坡，防止池埂坍塌的作用。

第二节　水草的种类

在养虾池中，适合小龙虾需要的种类主要有苦草、轮叶黑藻、金鱼藻、水花生、浮萍、伊乐藻、眼子菜、青萍、槐叶萍、满江红、簀藻、水车前、空心菜等。下面简要介绍几种常用水草的特性：

一、伊乐藻

伊乐藻是从引进日本的一种水草，原产于美洲，是一种优质、速生、高产的沉水植物，它的叶片较小，不耐高温，只要水面无冰即可栽培，水温5℃以上即可萌发，10℃即开始生长，15℃时生长速度快，当水温达30℃以上时，生长明显减弱，藻叶发黄，部分植株顶端会发生枯萎。对水质要求很高，非常适应小龙虾的生长，小龙虾在水草上部游动时，身体非常干净。伊乐藻具有鲜、嫩、脆的特点，是小龙虾优良的天然饲料。在长江流域通常以4～5月和10～11月生物量达最高。

二、苦草

典型的沉水植物，高40～80厘米。地下根茎横生。苦草喜温暖，耐荫蔽，对土壤要求不严。它含有较多营养成分，也具有很强的水质净化能力，非常适宜在小龙虾池中栽种。3～4月份，水温升至15℃以上时，苦草的球茎或种子开始萌芽生长。在水温18～22℃时，经4～5天发芽，约15天出苗率可达98％以上。苦草在水底分布蔓延的速度很快，通常1株苦草1年可形成1～3米^{2}的群丛。6～7月份是苦草分蘖生长的旺盛期，9月底至10月初达最大生物量，10月中旬以后分蘖逐渐停止，生长进入衰老期。

三、轮叶黑藻

多年生沉水植物，茎直立细长，长 50～80 厘米，广布于池塘、湖泊和水沟中，喜高温、生长期长、适应性好、再生能力强，小龙虾喜食。轮叶黑藻可移植也可播种，栽种方便，适合于光照充足的沟渠、池塘及大水面播种。轮叶黑藻被小龙虾夹断的每一枝节只要着泥均能重新生根入土，不会对水质造成不良影响，所以民间有"轮叶黑藻节节生根"之说。因此，轮叶黑藻是小龙虾养殖水域中极佳的水草种植品种。

四、金鱼藻

沉水性多年生水草，全株深绿色。长 20～40 厘米，群生于淡水池塘、水沟、稳水小河、温泉流水及水库中，是小龙虾的极好饲料。

五、菱

一年生草本水生植物，叶片非常扁平光滑，具有根系发达、茎蔓粗大、适应性强、抗高温的特点，菱角藤长绿叶子，茎为紫红色，开鲜艳的黄色小花，既适宜作为养殖小龙虾的水草，也适合和小龙虾进行混养。

六、菱白

挺水植物，株高约 1～3 米，叶互生，性喜生长于浅水中，喜高温多湿，既适宜作为养殖小龙虾的水草，也适合和小龙虾进行混养。

七、水花生

水生或湿生多年生宿根性草本，我国长江流域各省水沟、水塘、湖泊均有野生。水花生适应性极强，喜湿耐寒，适应性强，抗寒能力也超过水葫芦和空心菜等水生植物，能自然越冬，气温上升到10℃时即可萌芽生长，最适气温为22～32℃。

八、水葫芦

一种多年生宿根浮水草本植物，高约0.3米，在深绿色的叶下，有一个直立的椭圆形中空的葫芦状茎，因其在根与叶之间有一葫芦状的大气泡，又称水葫芦。水葫芦须根发达，分蘖繁殖快，管理粗放，是美化环境、净化水质的良好植物。

由于水葫芦对其生活的水面采取了野蛮的封锁策略，挡住阳光，导致水下植物得不到足够光照而死亡，破坏水下动物的食物链，导致水生动物死亡。此外，水葫芦还有富集重金属的能力，死后腐烂体沉入水底形成重金属高含量层，直接杀伤底栖生物，因此有专家将它列为有害生物。所以我们在养殖小龙虾时，可以利用，但一定要掌握度，不可过量。

九、紫萍

通常生长在稻田、藕塘、池塘和沟渠等静水水体中生长的天然饵料。以色绿、背紫、干燥、完整、无杂质者为佳。

十、青萍

单子叶植物浮萍科。我国南北均有分布，生长于池塘、稻田、湖泊中，以色绿、干燥、完整、无杂质者为佳。

十一、芜萍

多年生漂浮植物，椭圆形粒状叶体，没有根和茎，生长在小水塘、稻田、藕塘和静水沟渠等水体中。

十二、水浮莲

多年生草本，浮水或生于泥沼中。叶基生呈莲座状，繁殖方式以无性为主，依靠匍匐枝与母株分离方式，植株数量可在 5 天内增加 1 倍。常生于水库、湖泊、池塘、沟渠、流速缓慢的河道、沼泽地和稻田中。

十三、眼子菜

多年生沉水浮叶型的单子叶植物，喜凉爽至温暖、多光照至光照充足的环境。叶两型：沉水叶为互生，浮水叶对生或互生，披针形至窄椭圆形。

十四、菹草

多年生沉水草本植物，生于池塘、湖泊、溪流中，静水池塘或沟渠较多，水体多呈微酸至中性。可作鱼虾的饲料或绿肥。菹草在秋季发芽，冬春生长，4～5 月开花结果，夏季 6 月后逐渐衰退腐烂。

十五、聚草

多年生水草，根状茎生于泥中，节部生须根。

第三节　种草技术

一、种草规划

养殖小龙虾的水域包括池塘、低洼田以及大水面的湖汊，要求水草分布均匀，种类搭配适当，沉水性、浮水性、挺水性水草要合理，水草种植最大面积不超过 2/3，其中深水区种沉水植物及一部分浮叶植物，浅水区为挺水植物。

二、品种选择与搭配

① 根据小龙虾对水草利用的优越性，确定移植水草的种类和数量，一般以沉水植物和挺水植物为主，浮叶和漂浮植物为辅。

② 根据小龙虾的食性移植水草，可多栽培一些小龙虾喜食的苦草、轮叶黑藻、金鱼藻，其他品种水草适当少移植，起到调节互补作用，这对改善池塘水质、增加水中溶氧、提高水体透明度有很好的作用。

③ 一般情况下，养殖小龙虾不论采取哪种养殖类型，池塘中水草覆盖率都应该保持在50%左右，水草品种在两种以上。

三、种植类型

1. 池塘或稻田型

可选择伊乐藻、苦草、轮叶黑藻。三者的栽种比例：伊乐藻早期覆盖率应控制在20%左右，苦草覆盖率应控制在20%～30%，轮叶黑藻的覆盖率控制在40%～50%。三者的栽种次序为伊乐藻—苦草—轮叶黑藻。三者的作用是：伊乐藻为早期过渡性和食用水草，苦草为食用和隐藏性水草，轮叶黑藻则作为池塘或稻田养殖类型的主打水草。注意，伊乐藻要在冬春季播种，高温期到来时，将伊乐藻草头割去，仅留根部以上10厘米左右；苦草种子要分期分批播种，错开生长期，防止遭小龙虾一次性破坏；轮叶黑藻可以长期供应。

2. 河道或湖泊型

在这种类型中以金鱼藻或轮叶黑藻为主，苦草、伊乐藻为辅。金鱼藻或轮叶黑藻种植在浅水与深水交汇处，水草覆盖率控制在40%～50%。苦草种植在浅水处，覆盖率控制在10%左右。伊乐藻覆盖率控制在20%左右。不论哪种水草，都以不出水面、不影响风浪为好。

四、栽培技术

1. 栽插法

适用于带茎水草，这种方法一般在小龙虾放养之前进行，首先浅灌池水，将伊乐藻、轮叶黑藻、金鱼藻、笈笈草、水花生等带茎水草切成小段，长度约20～25厘米，然后像插秧一样，均匀地插入池底。我们在生产中摸索到一个小技巧，就是可以简化处理，先用刀将带茎水草切成需要的长度，然后均匀地撒在塘中，塘里保留5厘米左右的水位，用脚踩或用带叉形的棍子用力插入泥中即可。

2. 抛入法

适用于浮叶植物，先将塘里的水位降至合适的位置，然后将莲、菱、荇菜、莼菜、芡实、苦草等的根部取出，露出叶芽，用软泥包紧根后直接抛入池中，使其根茎能生长在底泥中，叶能漂浮于水面即可。

3. 播种法

适用于种子发达的水草，目前最为常用的就是苦草了。播种时水位控制在15厘米，先将苦草籽用水浸泡一天，将细小的种子搓出来，然后加入10倍的细沙壤土，与种子拌匀后直接撒播，为了将种子能均匀地撒开，沙壤土要保持略干为好。每亩水面用苦草种子30～50克。

4. 移栽法

适用于挺水植物，先将池塘降水至适宜水位，将蒲草、芦苇、茭白、慈姑等连根挖起，最好带上部分原池中的泥土，移栽前要去掉伤叶及纤细劣质的秧苗，移栽位置可在池边的浅滩处或者池中的小高地上，要求秧苗根部入水在10～20厘米之间，进水后，整个植株不能长期浸泡在水中，密度为每亩45棵左右。

5. 培育法

适用于浮叶植物，它们的根比较纤细，这类植物主要有瓢莎、青萍、浮萍、水葫芦等。在池中用竹竿、草绳等隔一角落，也可以用草框将浮叶植物围在一起，进行培育。

五、栽培小技巧

一是水草在虾池中的分布要均匀，不宜一片多一片少。

二是水草种类不能单一，最好使挺水性、漂浮性及沉水性水草合理分布，保持相应的比例，以适应小龙虾多方位的需求。沉水植物为小龙虾提供栖息场所，漂浮植物为小龙虾提供饵料，挺水植物主要起护坡作用。

三是无论何种水草都要保证不能覆盖整个池面，至少留有池面1/2作为小龙虾自由活动的空间。

四是栽种水草主要在虾种放养前进行，如果需要也可在养殖过程中随时补栽。在补栽中要注意的是判断池中是否需要栽种水草，应根据具体情况来确定。

第六章 小龙虾的病害防治

野生环境下的小龙虾的适应性和抗病能力都很强，因此目前发现的疾病较少，常见的病和河蟹、青虾、罗氏沼虾等甲壳类动物疾病相似。

由于小龙虾患病初期不易发现，一旦发现，病情就已经不轻，用药治疗作用较小，疾病不能及时治愈，导致大批死亡而使养殖者陷入困境。所以防治小龙虾疾病要采取"预防为主、防重于治、全面预防、积极治疗"等措施，控制虾病的发生和蔓延。

第一节 病害原因

为了及时掌握发病规律和防止虾病的发生，首先必须了解发病的病因。小龙虾发病原因比较复杂，既有外因也有内因。查找根源时，不应只考虑某一个因素，应该把外界因素和内在因素联系起来加以考虑，才能正确找出发病的原因。

一、环境因素

影响小龙虾健康的环境因素主要有水温、水质等。

1. 水温

小龙虾的体温随外界环境尤其是水体的水温变化而发生改变，当水温发生急剧变化时，机体由于适应能力不强而发生病理变化甚至死亡。

2. 水质

水质的好坏直接关系到小龙虾的生长，影响水质变化的因素有水体的酸碱度（pH）、溶氧（DO）、有机耗氧量（BOD）、透明度、氨氮含量及微生物等理化指标。在这些适宜的范围内，小龙虾生长发育良好，一旦水质环境不良，就可能导致小龙虾生病或死亡。

3. 化学物质

池水化学成分的变化往往与人们的生产活动、周围环境、水源、生物活动（鱼虾类、浮游生物、微生物等）、底质等有关。如虾池长期不清塘，池底堆积大量没有分解的剩余饵料、水生动物粪便等，这些有机物在分解过程中，会大量消耗水中的溶解氧，同时还会放出硫化氢、沼气、二氧化碳等有害气体，毒害小龙虾。含有一些重金属毒物（铝、锌、汞）、硫化氢、氯化物等物质的废水如进入虾池，也会引起小龙虾的大量死亡。

二、病原体

导致小龙虾生病的病原体有真菌、细菌、病毒、原生动物等，这些病原体是影响小龙虾健康的罪魁祸首。另外，还有些直接吞食或直接危害小龙虾的敌害生物，如池塘内的青蛙会吞食软壳小龙虾；池塘里如果有乌鳢生存，对小龙虾的危害也极大。

三、自身因素

小龙虾自身因素的好坏是抵御外来病原菌的重要因素，一尾自体健康的小龙虾能有效地预防部分疾病的发生，软壳虾对疾病的抵抗能力就要弱得多。

四、人为因素

1. 操作不慎

在饲养过程中，给养虾池换水、清洗网箱、捞虾、运输时，有时会因操作不当或动作粗糙，导致碰伤小龙虾，造成附肢缺损或自切损伤，这样很容易使病菌从伤口侵入，使小龙虾感染患病。

2. 外部带入病原体

从自然界中捞取活饵、采集水草和投喂时，由于消毒、清洁工作不彻底，可能带入病原体。

3. 饲喂不当

大规模养虾基本上是靠人工投喂饲养，如果投喂不当，投食不清洁或变质的饲料，或饥或饱。长期投喂干饵料，饵料品种单一，饲料营养成分不足，缺乏动物性饵料和合理的蛋白质、维生素、微量元素等，这样小龙虾就会缺乏营养，造成体质衰弱，容易感染患病。若投饵过多，投喂的饵料变质、腐败，易引起水质腐败，促进细菌繁衍，导致小龙虾生病。

4. 环境调控不力

小龙虾对水体的理化性质有一定的适应范围。如果单位水体内载虾量太多，易导致生存的生态环境恶劣，加上不及时换水，虾和鱼的排泄物、分泌物过多，二氧化碳、氨氮增多，微生物滋生，蓝绿藻类浮游植物生长过多，都可使水质恶化，溶氧量降低，使虾发病。

5. 放养密度不当和混养比例不合理

合理的放养密度和混养比例能够增加虾产量，但放养密度过大，会造成缺氧，并降低饵料利用率，引起小龙虾的生长速度不一致，大小悬殊。同时由于虾缺乏正常的活动空间，加之代谢物增多，会使其正常摄食生长受到影响，抵抗力下降，发病率增高。另外，不同规格的虾同池饲养，在饵料不足的情况下，易发生以大欺小和相互咬伤现象，造成较高的发病率。当然，鱼、虾类在混养时应注意比例和规格，如比例不当，不利于小龙虾的生长。

6. 饲养池及进排水系统设计不合理

饲养池特别是其底部设计不合理时，不利于池中的残饵、污物的彻底排除，易引起水质恶化使虾发病。进排水系统不独立，一池虾发病往往也传播到另一池虾发病。这种情况特别是在大面积精养时或水流池养殖时更要注意预防。

7. 消毒不够

虾体、池水、食场、食物、工具等消毒不够，会使虾的发病率大大增加。

第二节 小龙虾疾病的防治措施

小龙虾疾病防治应本着"防重于治、防治相结合"的原则，贯彻"全面预防、积极治疗"的方针。目前常用的预防措施和方法有以下几点：

一、防重于治的原则

防重于治是防治动、植物疾病的共同原则，对于饲养的小龙虾而言，意义更大。这是因为：

首先小龙虾生病在早期难以发现，因此诊断和治疗都比较麻烦。小龙虾生活在水中，它们的活动、摄食等情况不易看清，这给正确诊断疾病增加了困难。另外，治疗虾病也不是件容易的事，家畜、家禽可以采用口服或注射法进行治疗，而对病虾，特别是幼虾，是无法采用这些方法的。

其次由于小龙虾生病后，大多数已不摄食，又无法强迫它们摄食和服药，因此，患病后的小龙虾不能得到应有的营养和药物治疗。对小龙虾疾病用口服法治疗，只限于尚在摄食的病虾。

再次就是大规模饲养小龙虾，当发现其中有小龙虾生病时，就表明池塘里的小龙虾可能都有不同程度的感染。若将药物混入饵料中投喂，结果必然是没有患病的虾吃药多，病情越重的虾吃得越少，导致药物在患病虾的体内达不到治疗的剂量。另外，某些虾病发生以后，如患肠炎病的病虾已失去食欲，即便是特效药，也无法进入虾体。

第四就是虾病蔓延迅速，一旦有几尾虾生病，往往会给全池带来灭顶之灾，更让养殖户心焦的是，现在专门为虾类研制的特效药非常少，相当一部分虾药就是沿用兽药。

正是由于这些原因，在治疗虾病时，想要做到每次都药到病除是不现实的。因此，虾病主要依靠预防。即使发现病虾后进行药物治疗，主要目的也只是预防同一水体中那些尚未患病的虾受感染和治疗病情较轻或者处于潜伏感染的小龙虾，病情严重的小龙虾是难以治疗康复的。实践证明，在饲养管理中贯彻"以防为主"的方针，做好相应工作，可以有效地预防虾病的发生。

168

二、容器的浸泡和消毒

1. 水泥池的处理

对刚修建的水泥池，使用前一定要经过认真洗净，还须盛满清水浸泡数天到1周，进行"退火"或"去碱"。

对长期不用的容器，在使用前均应用盐水或高锰酸钾溶液消毒浸洗后才能使用。

2. 池塘处理

小龙虾进池前都要消毒清池，消毒方法前文已有详细介绍，在此不再赘述。

三、加强饲养管理

小龙虾生病，可以说大多数是由于饲养管理不当而引起的。所以加强饲养管理，改善水质环境，做好"四定"的投饲技术是防病的重要措施之一。

定质：饲料新鲜清洁，不喂腐烂变质的饲料。

定量：根据不同季节、气候变化、小龙虾食欲反应和水质情况适量投饵。

定时：投饲要有一定时间。

定点：设置固定饵料台，可以观察小龙虾吃食，及时查看小龙虾的摄食能力及有无病症，同时也方便对食场进行定期消毒。

四、控制水质

小龙虾养殖用水，一定要杜绝和防止引用工厂废水，使用符合质量要求的水源。定期换冲水，保持水质清洁，减少粪便和污物在水中腐败分解释放有害气体，调节池水水质。要定期用生石灰全池泼洒，或定期泼洒光合细菌，消除水体中的氨氮、亚硝酸盐、硫化氢等有害物质，保持池水的酸碱度平衡和溶氧水平，使水体中的物质始终处于良性循环状态，解决池水老化等问题。

五、做好药物预防

1. 小龙虾消毒

在小龙虾投放前，最好对虾体进行科学消毒，常用方法为 3%～5%食盐水浸洗 5 分钟。

2. 工具消毒

日常用具，应经常曝晒和定期用高锰酸钾、敌百虫溶液或浓盐开水浸泡消毒。尤其是接触病虾的用具，更要隔离消毒专用。

3. 食场消毒

食场是小龙虾进食之处，由于食场内常有残存饵料，时间长了或高温季节腐败后可成为病原菌繁殖的培养基，就为病原菌的大量繁殖提供了有利场所，很容易引起小龙虾细菌感染，导致疾病发生。同时，食场是小龙虾最密集的地方，也是疾病传播的地方，因此对于养殖固定投饵的场所，也就是食场，要进行定期消毒，是有效的防治措施之一，通常有药物悬挂法和泼洒法两种。

（1）药物悬挂法　常用于食场消毒的悬挂药物主要有漂白粉，悬挂的容器有塑料袋、布袋、竹篓，装药后，以药物能在 5 小时左右溶解完为宜，悬挂周围的药液达到一定浓度就可以了。在虾病高发季节，要定期进行挂袋预防，一般每隔 15～20 天为 1 个疗程，可预防细菌性皮肤病和烂鳃病。药袋最好挂在食台周围，每个食台挂 3～6 个袋。漂白粉挂袋每袋 50 克，每天换 1 次，连续挂 3 天。

食场周围的药物浓度不宜过高或过低。理由很简单，药物浓度过低了，小龙虾虽然来吃食了，但是药效太低而不能起到预防疾病的目的；药物浓度高了，小龙虾会发生应激反应，根本就不来吃食，当然也就起不到预防效果了。所以第一次在食场周围挂袋预防后，操作人员要辛苦一些，蹲在食场周围观察2~3小时，看看小龙虾是不是正常来吃食，如果小龙虾到达食场的数量要比平时少得多或根本看不到小龙虾到食场周围觅食，就说明药物浓度过高了，应及时减少用药量。如果小龙虾到食场周围数量和平时没有两样，说明药物可能少了一点，应及时加点剂量。最好的表现就是小龙虾也到食场周围了，也有觅食要求，但数量要比平时少20%~30%左右，而且在表现上有的小龙虾吃食，有的虾不吃食，在周围到处逛逛，这说明药物浓度基本适中。在操作时可以采用少量多点的方法，也就是一次在食场周围挂8~10个药袋，每个药袋内装药80~150克漂白粉，具体的用量应根据食场大小和周围的水深以及小龙虾的反应而作适当调整。当然为了提高药物预防的效果，保证小龙虾在挂袋用药时仍然前来吃食，在挂药前应适当停食1~2天，并在停食前有意识地选择小龙虾最爱吃的动物性饵料，不过投喂量只能满足平时的70%，这样就能保证挂药后小龙虾仍然能及时到食场周围觅食。

（2）泼洒法　每隔1~2周在小龙虾吃食后用漂白粉消毒食场1次，用量一般为250克，将溶化的漂白粉泼洒在食场周围。

4. 适时使用水环境保护剂

水环境保护剂能够改善和优化养殖水环境，并促进养殖动物正常生长、发育和维护其健康，在池塘养殖中更要注意及时添加，通常每月使用 1～2 次。根据科研人员的研究发现，它的作用主要是净化水质，防止底质酸化和水体富营养化；补充氧气，增强小龙虾的摄食能力；抑制有害物质的增加和抑制有害细菌繁殖；促使有益藻类稳定生长，抑制有害藻类繁殖等。

六、培育和放养健壮苗种

放养健壮和不带病原的小龙虾苗种是养殖生产成功的基础，培育的技巧包括几点：一是亲本无毒；二是亲本在进入产卵池前进行严格的消毒，以杀灭可能携带的病原；三是孵化设施要消毒；四是育苗用水要洁净；五是尽可能不用或少用抗生素；六是培育期间饵料要好，不能投喂变质腐败的饵料。

七、合理放养，减少小龙虾自身的应激反应

合理放养包含两方面的内容：一是放养小龙虾的密度要合理；二是混养的不同种类的搭配要合理。合理放养是对养殖环境的一种优化管理，具有促进生态平衡和保持养殖水体中正常菌丛调节微生态平衡，起到预防传染病暴发流行的作用。

第三节　科学用药

一、药物选用的基本前提

药物选择正确与否直接关系到疾病的防治效果和养殖

172

效益，所以我们在选用药物时，讲究几条基本原则：

（1）有效性原则　为使患病小龙虾尽快好转和恢复健康，减少生产上和经济上的损失，在用药时应尽量选择高效、速效和长效的药物，用药后的有效率应达到70%以上。

（2）安全性原则　药物的安全性主要表现在以下三个方面：一是药物在杀灭或抑制病原体的有效浓度范围内对小龙虾本身的毒性损害程度要小，因此有的药物疗效虽然很好，但因毒性太大在选药时不得不放弃，而改用疗效居次、毒性作用较小的药物；二是对水环境的污染及其对水体微生态结构的破坏程度要小，甚至对水域环境不能有污染；三是对人体健康的影响程度也要小，在小龙虾被食用前应有一个停药期，并要尽量控制使用药物，特别是对确认有致癌作用的药物，如孔雀石绿、呋喃丹、敌敌畏、六六六等，应坚决禁止使用。

（3）廉价性原则　选用药物时，应多作比较，尽量选用成本低的药物。许多药物，其有效成分大同小异，或者药效相当，但价格相差很远，对此，要注意选用药物。

（4）方便性原则　由于给小龙虾用药极不方便，可根据养殖品种以及水域情况，确定到底是使用泼洒法、口服法还是浸泡法给药，应选择疗效好、安全、使用方便的用药方法。

二、辨别药物的真假

辨别药物的真假可按下面三个方面判断：

（1）"五无"型的药物　即无商标标识、无产地（即无厂名厂址）、无生产日期、无保存日期、无合格许可证。

这种连基本的外包装都不合格，请想想看，这样的药物会合格吗？会有效吗？是最典型的假药。

（2）冒充型　这种冒充表现在两个方面：一种情况是商标冒充，主要是一些见利忘义的药物厂家发现市场俏销或正在宣传的药物时即打出同样包装、同样品牌的产品或冠以"改良型产品"；另一种情况就是一些生产厂家利用一些药物的可溶性特点将一些粉剂药物改装成水剂药物，然后冠以新药来投放市场。这种冒充型的假药具有一定的欺骗性，普通的养殖户一般难以识别，需要专业人员及时进行指导帮助才行。

（3）夸效型　具体表现就是一些药物生产企业不顾事实，肆意夸大诊疗范围和效果，有时我们可见到部分药物包装袋上的广告说得天花乱坠，声称包治百病，实际上疗效不明显或根本无效，见到这种能治所有虾病的药物可以摒弃不用。

三、按规定的剂量和疗程用药

一般泼洒用药连续 3 天为一个疗程，内服用药 3～7 天为一个疗程。在防治疾病时，必须用药 1～2 个疗程，至少用 1 个疗程，保证治疗彻底，否则疾病易复发。有一些养殖户为了省钱，往往看到虾的病情有一点好转时，就不再用药了，这种用药方法是不值得提倡的。

在小龙虾疾病的防治上，不同的剂型、不同的用药方式，对药效的影响是不同的，例如内服药的剂量是按小龙虾体重来计算的，而外用消毒药物的剂量则是按照小龙虾生活的水体体积来计算的，不同的剂量不仅可以产生药物作用强度的变化，甚至还能产生药物性质上的变化。当药物剂量过小时，对小龙虾疾病的防治起不到任何作用。将能够使病虾产生药效作用的最小剂量称为最小有效量；当药物持续运用到一定量甚至到达小龙虾所能忍受的最大剂量但并没有中毒，这时的最大剂量称为最大耐受量。我们在防治虾病时，对药物的使用范围都是集中在最小有效量和最大耐受量之间，也就是我们常说的安全范围，在这个安全范围内，随着药物剂量的增加，药物的效果也随之增加。在具体应用时，这个剂量要灵活掌握，它还与小龙虾的健康状况、使用环境、药物剂量等多种因素有关。

四、科学计算用药量

虾病防治上内服药的剂量通常按小龙虾体重计算，外用药则按水的体积计算。

（1）内服药　首先应比较准确地计算出养殖水体内小龙虾的总重量，然后折算出给药量的多少，再根据小龙虾环境条件、吃食情况确定出小龙虾的吃饵量，最后将药物混入饲料中制成药饵进行投喂。

（2）外用药　先算出水的体积。水体的面积乘以水深就得出体积，再按施药的浓度算出药量，如施药的浓度为 1 毫克/升，则 1 米^3 水体应该用药 1 克。

如某虾池长 100 米，宽 40 米，平均水深 1.2 米，那么使用药物的量就应这样推算：虾池水体的体积是 100 米×40 米×1.2 米＝4800 米^3，假设某种药的用药浓度为 0.5 克/米^3，那么按规定的浓度算出药量为 4800× 0.5＝2400（克）。即这口小龙虾池需用药 2400 克。

在为小龙虾养殖户提供技术服务时，我们常常发现一个现象，就是一些养殖户在用药时会自己随意加大用药量，有的甚至比我们为他开出药方的剂量高出 3 倍左右，他们加大药剂量的随意性很强，往往今天用 1 毫克/升的量，明天就敢用 3 毫克/升的量，在他们看来，用药量大了，就会起到更好的治疗效果。这种观念是非常错误的，任何药物只有在合适的剂量范围内，才能有效地防治疾病。如果剂量过大甚至达到小龙虾致死浓度时则会发生小龙虾药物中毒事件。所以用药时必须严格掌握剂量，不能随意加大剂量，当然也不要随意减少剂量。

五、正确的用药方法

小龙虾患病后，首先应对其进行正确而科学的诊断，根据病情病因确定有效的药物；其次是选用正确的给药方法，充分发挥药物的效能，尽可能地减少副作用。不同的给药方法，决定了对虾病治疗的不同效果。

常用的小龙虾给药方法有以下几种：

1. 挂袋（篓）法

挂袋（篓）法即局部药浴法，把药物尤其是中草药放在自制布袋或竹篓或袋泡茶纸滤袋里挂在投饵区中，形成一个药液区，当小龙虾进入食区或食台时，使小龙虾得到消毒和杀灭小龙虾体外病原体的机会。通常要连续挂 3 天，常用药物为漂白粉。另外，池塘四角水体循环不畅，病菌病毒容易滋生繁衍；靠近底质的深层水体，有大量病菌病毒生存；固定食场附近，小龙虾和混养鱼的排泄物、残剩饲料集中，病原物密度大。对这些地方，必须在泼洒消毒药剂的同时，进行局部挂袋处理，比重复多次泼洒药物效果好得多。

此法只适用于预防及疾病的早期治疗。优点是用药量少，操作简便，没有危险及副作用小。缺点是杀灭病原体不彻底，因只能杀死食场附近水体的病原体和常来吃食的小龙虾身体表面的病原体。

2. 浴洗（浸洗）法

浴洗法是将小龙虾集中到较小的容器中，放在按特定配制的药液中进行短时间强迫浸浴，来达到杀灭小龙虾体表和鳃上的病原体目的的一种方法。它适用于小龙虾苗种放养时的消毒处理。

浴洗法的优点是用药量少，准确性高，不影响水体中浮游生物生长。缺点是不能杀灭水体中的病原体，所以通常配合转池或运输前后预防消毒用。

3. 泼洒法

泼洒法就是根据小龙虾的不同病情和池中总的水量算出各种药品剂量，配制好特定浓度的药液，然后向虾池内慢慢泼洒，使池水中的药液达到一定浓度，从而杀灭小龙虾身体及水体中的病原体。

泼洒法的优点是杀灭病原体较彻底，预防、治疗均适宜。缺点是用药量大，易影响水体中浮游生物的生长。

4. 内服法

内服法就是把治疗小龙虾疾病的药物或疫苗掺入小龙虾喜吃的饲料，或者把粉状的饲料挤压成颗粒状、片状后来投喂小龙虾，从而杀灭小龙虾体内病原体的一种方法。但是这种方法常用于预防或虾病初期，同时，这种方法有一个前提，即小龙虾自身一定要有食欲的情况下使用，一旦病虾已失去食欲，此法就不起作用了。

5. 浸沤法

此法只适用于中草药预防虾病，将草药扎捆浸沤在虾池的上风头或分成数堆，杀死池中及小龙虾体外的病原体。

6. 生物载体法

生物载体法即生物胶囊法。当小龙虾生病时，一般都会食欲大减，生病的小龙虾很少主动摄食，要想让它们主动摄食药饵或直接喂药就更难，这个时候必须把药包在小龙虾特别喜欢吃的食物中，特别是鲜活饵料中，就像给小孩喂食糖衣药片或胶囊药物一样，可避免药物异味引起厌食。生物载体法就是利用饵料生物作为运载工具把一些特定的物质或药物摄取后，再由小龙虾捕食到体内，经消化吸收而达到治疗疾病的目的，这类载体饵料生物有丰年虫、轮虫、水蚤、面包虫及蝇蛆等天然活饵。常用的生物载体是丰年虫。

第四节　小龙虾主要疾病及防治

一、黑鳃病

【症状】　鳃受多种弧菌、真菌大量繁殖感染变为黑色，引起鳃萎缩、局部霉烂，病虾往往行动迟缓，伏在岸边不动，最后因呼吸困难而死。另外，池塘底质严重污染，池水中有机碎屑较多，这些碎屑随着呼吸附于鳃丝，也会使鳃呈黑色，影响虾的呼吸。虾体长期缺乏维生素，使虾体正常生理活动受到影响，也会导致小龙虾体质变弱，鳃丝发黑，可引起小龙虾的大量死亡。

【防治】　放养前彻底用生石灰消毒，经常加注新水，保持水质清新。

保持饲养水体清洁，溶氧充足，水体定期洒一定浓度的生石灰，进行水质调节。

经常清除虾池中的残饵、污物。

把患病虾放在每立方米水体 3‰～5‰ 的食盐中浸洗 2～3 次，每次 3～5 分钟。

用二氧化氯 0.3 毫克/升浓度全池泼洒消毒，并迅速换水。

二、烂鳃病

【症状】　由于多种弧菌、真菌大量侵入鳃部组织导致鳃丝发黑、局部霉烂，造成鳃丝缺损，排列不整齐，严重时引起病虾死亡。此病一般都发生在水质不清洁、溶氧量低、池底有机质较多的池塘中。

【防治】　经常清除虾池中的残饵、污物，加强池底改良措施，及时注入新水，保持良好的水体环境，保持水体中溶氧在 4 毫克/升以上，避免水质被污染。

种植水草或放养绿萍等水生植物。彻底换水，使水质变清、变爽，如若不能大量换水，则使用水质改良剂进行水质改良。

用二氯海因 0.1 毫克/升或溴氯海因 0.2 毫克/升全池泼洒，隔天再用 1 次，可以起到较好的治疗效果。

按每立方米养殖水体 2 克漂白粉用量，溶于水中后泼洒，疗效明显。

施用池底改良活化素 20～30 千克/(亩·米)＋复合芽孢杆菌 250 克/(亩·米)，以改善底质和水质。

用强氯精 0.3 毫克/升或漂粉精 0.5 毫克/升化水全池泼洒。

三、其他鳃病

小龙虾主要是靠鳃进行呼吸，所以它的鳃疾病也比较多，下面是一些不太常见的鳃病，由于它们的特征、危害情况和防治情况有相通之处，故放在一起进行表述。

1. 红鳃病

红鳃病是由于虾池长期缺氧及某种弧菌侵入虾血液内而引起的全身性疾病。病虾鳃部由黄色变成粉红色至红色，鳃丝增厚，鳃丝加大，虾体附肢变成红色或深红色。

2. 白鳃病

白鳃病多发生在藻类大量繁殖、池水 pH 值过高和长期不换水、造成水质败坏的池塘。病虾鳃部明显变白，鳃丝增生。

3. 黄鳃病

由于藻类寄生，也可能是细菌感染。病虾初期鳃部为淡黄色，中期鳃部呈橙黄色，后期为土黄色，行动呆滞，不摄食。

【防治】 用"富氯"0.2毫克/升全池均匀泼洒，每3天一次。

采用二氧化氯2～3毫克/升溶液浸浴，连续使用2～4次即可治愈。

四、甲壳溃烂病

【症状】 虾体在运输过程中碰伤、池底恶化、水质不好、营养不良而导致弧菌等细菌大量繁殖引起该病。病虾甲壳局部出现黑褐色溃疡斑点，严重时斑点边缘溃烂，出现较大或较多空洞导致病虾内部感染，有时触须、尾扇、附肢也有褐斑或断裂。发病小龙虾活力极差，摄食下降或停食，常浮于水面或匍匐于水边草丛，直至死亡。

【防治】 加强水质管理，用池底改良活化素结合光合细菌或复合芽孢杆菌调节水质。

动作轻缓，尽量使虾体不受或少受外伤，捕捞、运输和投放虾苗虾种时，不要堆压和损伤虾体。

改善水质条件，精心管理、喂养，实行"四定"投饵，避免残饵污染水质，并提供足量的隐蔽物。

每亩用5～6千克的生石灰全池泼洒。

五、烂尾病

【症状】 由于小龙虾受伤、相互残食或被几丁质分解细菌感染引起的。病虾尾部有水泡，边缘溃烂、坏死或残缺不全，随着病情的恶化，溃烂由边缘向中间发展，严重感染时，病虾整个尾部溃烂掉落，甚至会导致小龙虾死亡。

【防治】 运输和投放虾苗虾种时，不要堆压和损伤虾体。

合理放养，控制放养密度，调控好水源。

饲养期间饲料要投足、投匀，防止虾因饲料不足而相互争食或残杀。

每亩水面用强氯精等消毒剂化水全池泼洒，病情严重的连续两次，中间间隔一天。

全池泼洒二溴海因0.3毫克/升。

六、肌肉变白坏死病

【症状】 由于盐度过高，密度过大，温度过高，水质受污染，溶氧过低等不良的环境因子的刺激而引起。特别是以上因素突变时易发此病。起初只是尾部肌肉变白，而后虾体前部的肌肉也变白，导致肌肉坏死而死亡。

【防治】　控制放养密度。

在亲虾运输、幼体下塘时注意水的温差不能太大，平时保持水质清新，溶氧充足，可减少发病。

养殖池塘在高温季节要防止水温升高过快或突然变化，应经常换水，注入新水及增氧。

改善环境条件，保持水质良好，能预防此病发生。

七、出血病

【症状】　由气单胞菌引起的，病虾体表布满了大小不一的出血斑点，特别是附肢和腹部，肛门红肿，一旦染病，很快就会死亡。

【防治】　发现病虾要及时隔离，并对虾池水体整体消毒，水深 1 米的池子，用生石灰 25～20 千克/亩全池泼洒，最好每月泼洒一次。

内服药物用盐酸环丙沙星按 1.25～1.5 克/千克拌料投喂，连喂 5 天。

八、纤毛虫病

【症状】　累枝虫、聚缩虫、单缩虫和钟形虫等纤毛虫附着在虾和受精卵的体表、附肢、鳃上，肉眼观察可以看见小龙虾的外壳表面有一层比较脏的东西附着，用水很难清洗掉，这些纤毛虫会妨碍虾的呼吸、游泳、活动、摄食和蜕壳，影响生长发育，病虾行动迟缓，对外界刺激无敏感反应，大量附着时，会引起虾缺氧而窒息死亡。

【防治】 彻底清塘消毒，杀灭池中的病原，经常加注新水、换水，保持水质清新。

在养殖过程中经常采用池底改良活化素、光合细菌、复合芽孢杆菌改善水质和底质，降低水的有机质含量。

用硫酸铜、硫酸亚铁（5：2）0.7克/米³全池泼洒。

用3％～5％食盐水浸洗，3～5天为一个疗程。

将患病的小龙虾在200毫克/升醋酸溶液中药浴1分钟，大部分固着类纤毛虫即被杀死。

九、烂肢病

【症状】 能分解几丁质的弧菌侵袭到小龙虾体内，病虾腹部及附肢腐烂，呈铁锈色或烧焦状，肛门红肿，摄食量减少甚至拒食，活动迟缓，严重者会死亡。

【防治】 在捕捞、运输、放养等过程中要小心，不要让虾受伤。

加强水质管理，用池底改良活化素结合光合细菌或复合芽孢杆菌调节水质。

放养前用3％～5％盐水浸泡数分钟。

发病后全池泼洒二溴海因0.2毫克/升。

十、水霉病

【症状】 由于水霉菌丝侵入虾体后导致该病的发生，病虾伤口部位长有棉絮状菌丝，虾体消瘦乏力，行动迟缓，摄食减少，伤口部位组织溃烂蔓延，在体表形成肉眼可见的"白毛"，严重的导致死亡。小龙虾在捕捞、运输或过池搬运过程中易感染此病，在水质恶化、小龙虾体质虚弱时也易感染该病。水霉病严重时可造成小龙虾死亡。

【防治】 在捕捞、运输、放养等操作过程中小心仔细，不要让小龙虾受伤，虾苗进池后，可泼洒些消毒药物（如强氯精、漂粉精、二氧化氯等）。

大批蜕壳期间，增加动物性饲料，减少同类互残。

每100千克饲料加克霉唑50克制成药饵连喂5～7天。

双季铵碘或二氧化氯0.3～0.4毫克/升全池泼洒，连用2次。

十一、软壳病

【症状】 患病虾的甲壳薄，明显变软（非蜕壳引起），与肌肉分离，易剥离，活动减弱，生长缓慢，体色发暗。发生的原因主要有以下几种：一是投饵不足或营养长期不足，小龙虾长期处于饥饿状态；二是换水量不足或长期不换水；三是有机磷杀虫剂抑制甲壳中几丁质的合成；四是池塘水质老化，有机质过多，或放养密度过大，pH值低，从而引起小龙虾的软壳病。

【防治】 适当加大换水量，改善养殖水质，供应足够的优质饲料。

施用复合芽孢杆菌250毫升/（亩·米），促进有益藻类的生长，并调节水体的酸碱度。

十二、黑壳病

【症状】 主要是一些附着性硅藻、褐藻、丝状藻等寄生在小龙虾体表上，小龙虾体色变黑或墨绿色，小龙虾体质差，活动力明显减弱，不能顺利蜕壳，可引起大批死亡。

【防治】 虾池的水源应水质良好，无污染。

每亩用生石灰 150 千克清塘消毒。

夏秋季勤换水，保持水质清新。冬春季灌满水，水质透明度保持 30～40 厘米。

硫酸锌 0.3～0.4 毫克/升使用一次，隔日用 0.3～0.4 毫克/升溴氯海因泼洒一次。

十三、其他的虾壳病

小龙虾的虾壳病还有蜕壳困难症和硬壳病等。

1. 蜕壳困难症

小龙虾不能顺利蜕壳而致死，可能是营养性原因导致的疾病。

2. 硬壳病

全身甲壳变硬，有明显粗糙感，虾壳无光泽，呈黑褐色，生长停滞，有厌食现象。可能由于营养不良，水质中钙盐过高或池底水质不良，或疾病感染，附生藻类或纤毛虫等引起。

【防治】 增加营养，在饵料中添加藻类或卵磷脂、豆腐均可减少该病发生，也可在虾饵中添加蜕壳素来预防。

换池或供应优质饲料及改善水质。

当水质或池底不良时，应先大量换水或换池。

十四、蜕壳虾的保护

1. 小龙虾蜕壳保护的重要性

小龙虾只有蜕壳才能长大，小龙虾也只有在适宜的蜕壳环境中才能正常顺利蜕壳。它们要求浅水、弱光、安静、水质清新的环境和营养全面的优质适口饵料。如果不能满足上述生态要求，小龙虾就不易蜕壳或造成蜕壳不遂而死亡。

小龙虾蜕壳后，机体组织需要吸水膨胀，此时其身体柔软无力，俗称软壳虾，需要在原地休息 40 分钟左右，才能爬动，钻入隐蔽处或洞穴中，故此时极易受同类或其他敌害生物的侵袭。因此，每一次蜕壳，对小龙虾来说都是一次生死难关。特别是每一次蜕壳后的 40 分钟，小龙虾完全丧失抵御敌害和回避不良环境的能力。在人工养殖时，促进小龙虾同步蜕壳和保护软壳虾是提高小龙虾成活率的技术关键之一。

2. 小龙虾的蜕壳保护

一是为小龙虾蜕壳提供良好的环境，给予其适宜的水温、隐蔽场所和充足的溶氧，建池时留出一定面积的浅水区，供小龙虾蜕壳。

二是放养密度合理，以免因密度过大而造成相互残杀。

三是放养规格尽量一致。

四是每次蜕壳来临前，要投含有钙质和蜕壳素的配合饲料，力求同步蜕壳。

五是蜕壳期间，需保持水位稳定，一般不需换水，可以临时提供一些水花生、水浮莲等作为蜕壳场所，并保持安静。

十五、中毒

【症状】 根据小龙虾发病情况可以分为两类：一类发病慢，出现呼吸困难，摄食减少，零星死亡，可能是池塘内有机质腐烂分解引起的中毒，属于慢性中毒积累而死亡；另一类发病急，出现大量死亡，尸体上浮或下沉，在清晨池水溶解氧量低下时更明显，属于急性中毒死亡。小龙虾鳃丝表面无有害生物附生，也没有典型的病灶。据分析，小龙虾中毒的主要原因有以下几条：一是池底不干净，淤泥较厚，池中有机物腐烂分解，产生大量氨氮、硫化氢、亚硝酸盐等物质，能引起虾鳃以及肝胰腺的病变，引起慢性死亡；二是含有汞、铜、锌、铅等重金属元素以及其他毒性物质的化学品、废油流入池内，导致虾类中毒；三是靠近农田的养殖小区，由于管理不慎或人为因素，致使农药、化肥、其他药物进入池中，从而导致小龙虾急性死亡，这是目前小龙虾中毒的最主要原因。

【防治】 加强巡视，在建虾池时，要调查周围的水源，看有无工业污水、生活污水、农田生产用水等排入，看周围有无新建排污化工厂；清理污染源，清理水环境，选择符合生产要求的水源，请环保部门进行监测水源水，看是否有毒有害物质超标；一旦发生中毒事件时，要立即进行抢救，将活虾转移到经清池消毒的新池中去，并冲水增加溶氧量，或排注没有污染新水源稀释。

十六、生物敌害

生物敌害主要有水蛇、青蛙、蟾蜍、老鼠、凶猛鱼类（特别是乌鳢、鳜、鲶、鲈鱼）、鸟类（主要是鹭类和鸥类水鸟）、青苔等。

【防治】 建好防逃墙，并经常维护检查，如虾池中发现有凶猛鱼类活动，要及时捕杀。

进水口严格过滤，防止小害鱼及鱼卵进入池内，进水口要设置拦网。如发现池中有小害鱼及鱼卵，则要用2毫克/升鱼藤精进行消毒除害。

由于多数鸟类是自然保护对象，唯有用恫吓的办法进行控制，别无它法。

对于水蛇、青蛙、水蝈和水老鼠等敌害，在积极预防的同时还要采取"捕、诱、赶、毒"等方法处理。

第七章　小龙虾的运输

小龙虾捕捞方法简单，能较长时间离水，运输方便（幼虾除外），运输成活率高，在捕捞及产品的运输上省时、省工、费用低，养殖鱼类和其他虾类无法比拟。

第一节　幼虾的运输

之所以建议虾农走自繁自育的路子，而尽可能不要走规模化繁殖的路子，重要的一个原因就是虾苗不容易运输，运输时间不宜超过 3 小时，否则会影响成活率。根据滁州市水产技术推广站在 2005～2007 年期间所做的八次试验情况来看，运输时间在 1.5 小时内，成活率70％，运输时间超过 3 小时的死亡率高达 60％，超过 5 小时后，下水的虾苗几乎死光。

因此运输时要讲究技巧，一是要准确确定运输路线，不走弯路；二是准确计算行程，确保运输时间在 2 小时内，在计划时间内运达，防止因车辆及道路交通情况等原因造成延误，延长运输时间，影响虾的成活率；三是在不同季节运输，还应根据气候条件采取适当措施，如保温、降温、防雨等，以确保安全运输；四是要确定运输方法，有的养殖户采取和河蟹大眼幼体一样的干法运输（即无水运输），我们也做了试验，死亡率是非常高的，因此建议养殖户采用带水充氧运输。

在运输前先检查幼虾的质量，要求幼虾体格健壮、密度适当、操作细致、水质清新，途中避免阳光直射。运输前一天可将幼虾集中在网箱中暂养，使其适应高密度环境。

塑料袋充氧运输密度大、运距远、成活率高。装水5千克的塑料袋能装运稚虾2万～3万尾；3厘米长的幼虾2000尾，幼虾越大装得越少。装完幼虾后充氧气，然后扎紧，在水温15℃时能运输8小时以上。短途运输一般用水桶担运。无论采用何种运输方式，装运数量应视运距、鱼体大小、天气等情况灵活掌握。幼虾运达目的地入池前，将塑料袋放于池中逐渐调温，直至袋中水温与池水接近才放虾入池。

第二节　亲虾和成虾的运输

亲虾和成虾都属于大虾，它们的运输相对容易得多。

一、挑选健壮、未受伤的小龙虾

在运输小龙虾之前，从渔船上或养殖场开始就要对运输用的活虾进行小心处理。也就是说，要从虾笼上小心地取下所捕到的小龙虾，把体弱、受伤的与体壮、未受伤的分开，然后把体壮、未受伤的小龙虾放入有新鲜流动水的容器或存养池中。如果是远距离购买并运输，最好在清水中暂养24小时，再次选出体壮的小龙虾。

190

二、要保持一定的湿度和温度

在运输小龙虾时，环境湿度的控制很重要，温度保持在15℃左右为宜，相对湿度为70%～95%，可以防止小龙虾脱水，降低运输中的死亡率。运输时可以使用水花生或麻袋装在容器内，在面上洒上水，以保持一定的湿度。

三、运输容器和运输方法

存放小龙虾的容器必须绝热，不漏水，轻便，易于搬运，能经受住一定的压力。目前使用比较多的是泡沫箱。每箱装虾15千克左右，在里面装上2千克的冰块，再用封口胶将箱口密封即可进行长途运输。

用塑料筐运输也是常用的一种方法，把每个塑料筐内装上虾，一般60厘米×40厘米×20厘米（长×宽×高）的塑料筐，每筐装鱼10千克，加盖捆扎后，根据运输水槽的容积，把装好虾的塑料筐分层装入水槽内水中，开启充氧设备启动水循环过滤系统。运输用水，水温一般控制在10～12℃。当自然水温高时，采用加冰调节水温。采用这种运输方法，运输量大，虾不会产生叠压，成活率较高，途中管理较为方便。在正常情况下，在运输10小时之内是安全的。在具备充氧水循环过滤条件的汽车运输水槽内，分层铺设网式塑料隔档，分层装虾，以提高水槽的运量及成活率，可以防止因虾多叠压而影响成活率。

还有一种更简便的运输方法就是用蒲包、网袋、木桶等装运。在箩筐内衬以用水浸泡过的蒲包，再把小龙虾放入蒲包内，蒲包扎紧，以减少亲虾体力的消耗，运输途中防止风吹、曝晒和雨淋。

四、试水后放养

从外地购进的亲虾，因离水时间较长，放养前应将虾种在池水内浸泡 1 分钟，提起搁置 2～3 分钟，再浸泡 1 分钟，如此反复 2～3 次，让亲虾体表和鳃腔吸足水分后再放养，以提高成活率。

亲虾离水的时间应尽可能短，一般不要超过 2 小时，在室内或潮湿的环境下时间可适当长一些。

第八章　小龙虾的资源保护

　　由于目前国内还没有完全突破小龙虾苗种繁育这个技术关口，养殖所需的小龙虾苗种基本上都是来自于天然捕捞，苗种的质量、规格和数量都无法得到保证，不但严重制约了小龙虾产业的发展壮大，而且对自然界中的小龙虾资源造成过度利用，极大地破坏了小龙虾的资源。随着人们对小龙虾的喜爱和消费的增加，自然界的小龙虾资源已经日益枯竭，除了开展人工养殖、增殖的努力外，对于小龙虾的资源保护也是非常重要的一环。

一、科学选择药物，减少对小龙虾的药害

　　现在在治疗鱼病、虾病以及其他种植养殖对象的病害时，一定要科学选择药物，选用药物的趋势是向着"三效"、"三小"、"无三致"和"五方便"方向发展。

　　三效是指虾药要有高效、速效、长效的作用。

　　三小是指虾药使用时有剂量小、毒性小、副作用小的优点。

　　无三致是指虾药使用时对小龙虾无致畸、无致癌、无致突变的效果。

　　五方便是指虾药使用时要起到生产方便、运输方便、贮藏方便、携带方便、使用方便的效果。

　　在市场购买商品虾药时，必须根据《兽药产品批准文号管理办法》中的有关规定检查虾药是否规范，还可以通过网络、政府部门咨询生产厂家的基本信息，购买品牌产

品，防止假、冒、伪、劣虾药。

二、规范用药，减少药残对小龙虾的影响

药物残留是目前动物源食品最常见的污染源，在水产品中也不例外。导致水产品中药物超标的原因有很多，其中滥用药物和饲料添加剂是主要的原因。规范用药是防止水产品药物残留超标，提高水产品质量及跨越"绿色技术壁垒"的根本措施。

一是要严格执行国家法律法规，如《动物防疫法》、《饲料和饲料添加剂管理条件》、《兽药管理条件》等法律法规，禁止使用假、劣兽药及农业部规定禁止使用的药品、其他化合物和生物制剂。原料药不得直接用于小龙虾的养殖。

二是科学、合理用药。

① 水产养殖单位和个人应当按照水产养殖用药使用说明书的要求或在水生生物病害防治员的指导下科学用药。

② 水产养殖单位和个人应当填写"水产养殖用药记录"，该记录应当保存至此批水产品销售后 2 年以上。

③ 在防治虾病时做到预防为主、对症用药。有计划、有目的，适时地预防虾病十分重要，可以最大程度地降低疾病的影响。临床上，根据病因和症状进行对症下药是减少用药、降低成本的有效方法。

三是严格遵守休药期制度。休药期的规定是为了减少或避免供人食用的动物食品中残留药物超量，保证食品安全。药物进入动物体内，一般要经过吸收、代谢、排泄等过程，不会立即从体内消失，药物或其代谢产品以蓄积、

194

贮存或其他方式保留在组织器官中，具有较高的浓度，会对人产生影响。经过休药期，残留在动物体内的药物可被分解或完全消失或降低到对人体无害的浓度。

三、营造良好的小龙虾生长环境

小龙虾有掘洞穴居的习惯，喜阴怕光，光线微弱或黑暗时爬出洞穴，光线强烈时，则沉入水底或躲藏在洞穴中。根据小龙虾的习性，要尽可能地模拟自然条件下小龙虾的生态环境，对于自然界中的一些生态环境尽可能保留，不要轻易破坏。

四、控制捕捞规格

在自然界捕捞小龙虾时，一定不能一网打尽，只能取大虾，留下小虾，相关职能部门可根据具体情况制定一个上市的最小规格，比如低于 6 厘米的小龙虾不得在市场上销售，没有了市场需求，人们也就不会再捕捞这种小虾，这对于小龙虾的资源保护是有积极意义的。

五、限期捕捞小龙虾

渔政部门也应该把小龙虾的保护纳入渔业服务范围，也要像渔业禁捕期一样，实施小龙虾禁捕期。根据我们的调查和研究，可将小龙虾的禁捕期设在每年的 8 月中旬直到 12 月，在此期间不得捕捞、销售小龙虾。

六、加大市场宣传力度

农业、水产部门要加强引导与教育，对于稻虾套养、蟹虾套养、鱼虾套养、茭虾套养和藕虾套养等养殖方式，要加大宣传、扶持力度，对于小龙虾的禁捕期和禁捕规格要加大宣传，让人们了解小龙虾的繁殖习性，自觉保护小龙虾的亲虾和幼虾，增强农民对虾产品品质的保护意识。

七、加强小龙虾输入时的检疫，切断传染源

对小龙虾的疫病检测是针对某种疾病病原体的检查，目的是掌握病原的种类和区系，了解病原体对它感染、侵害的地区性、季节性以及危害程度，以便及时采取相应的控制措施，杜绝病原的传播和流行。

在虾苗、虾种、亲虾进行交流运输时，客观上使小龙虾携带病原体到处传播，在新的地区遇到新的寄主就会造成新的疾病流行，为了保护我国各地养殖业的安全和生态环境的稳定，一定要做好小龙虾的检验检疫措施，将部分疾病拒之门外，从根本上切断传染源，这是预防虾病的根本手段之一。

八、政府投入，加强小龙虾资源保护

一是政府推动小龙虾的养殖，通过各种优惠政策扶持小龙虾的项目，出台促进小龙虾产业化发展的产业政策，从项目、资金、保险、信贷等方面扶持小龙虾苗种繁育基地、小龙虾养殖大户、小龙虾加工企业的发展。

二是科技服务要跟上，技术支撑要到位。通过开办培训班、送技术到塘口等方式，结合渔业科技入户等项目的实施，加强相关的技术培训与指导，加快小龙虾的养殖及病害防治等技术的普及。

三是规范养殖，打造品牌。打造品牌、实行标准化生产是未来小龙虾产业化的根本出路，也是保护小龙虾资源

的有效措施，这方面的工作，江苏盱眙的小龙虾产业做得最好，其他各地政府要向盱眙学习，主动出击，未雨绸缪，由政府或企业集团组织育种、养殖、流通、加工各环节代表和专家，制定覆盖小龙虾育种、养殖、加工包装、流通到消费各环节的标准，向市场提供标准化、安全卫生的美味食品，加强资源保护的宣传。

第九章 小龙虾文化产业链的延伸

一、小龙虾节的举办

到 2011 年，全球闻名的盱眙中国小龙虾节已经连续成功举办十一届了，带动了盱眙县经济的飞速发展，提高了盱眙县的知名度、美誉度。小龙虾如今已成为盱眙县的一张耀眼的名片，成为盱眙一项新兴的重要产业，当然也成为盱眙经济的重要拉动力量。2005 年，中国小龙虾节以其独特魅力，从全国 5000 多个节庆活动中脱颖而出，被国际节庆协会评选为"IFEA 中国最具发展潜力的十大节庆活动"，被第三届中国会展（节事）财富论坛评为"中国节庆 50 强"，并雄居前列。小龙虾节对盱眙地方的作用主要表现在：带动了全县农业产业结构调整；带动了盱眙旅游业和住宿餐饮业的快速发展，现在每逢旅游黄金周，规模稍大的宾馆饭店 7 天的营业额基本上已经达到了整月营业额的 80％以上；带动了全县劳动力转移，特别是对外劳务输出；带动了城乡居民的增收；带动了全县的招商引资工作；小龙虾节还带动了全县的批发零售业零售额稳步上升，每年平均以 15％的增幅增长。

现在全国各地都纷纷举办了卓有成效的小龙虾节，其中比较典型的有合肥小龙虾节、南京小龙虾节等。这些小龙虾节通过各种渠道的运作纷纷走向市场，把经济性节庆活动作为一种商品或品牌来经营，给节庆活动带来事半功倍的效果。

另外，小龙虾节的举办有助于让小龙虾产业形成链条，即有助于实现从小龙虾的养殖到加工再到销售形成一个完整的产业化链条。

二、小龙虾商标的运作

在小龙虾商品化的运作中，最具影响力并且最成功的就是十三香小龙虾的品牌效应。小龙虾这个原本普普通通的农产品，一经与十三香结缘聚合成"盱眙小龙虾"后，能量激增，在中国小龙虾节的精心打造下，不仅刮起一股席卷大江南北的"红色风暴"，更传奇般地为盱眙造成了势，也为盱眙创造了财富。小龙虾为盱眙发展作出了全方位的贡献，已经成为盱眙超常发展的"加速器"。十三香小龙虾已经成为盱眙小龙虾中的精品代表，现在"十三香小龙虾"的商标品牌价值也在餐饮业中成为佼佼者。

三、小龙虾的垂钓方兴未艾

随着小龙虾的饮食文化走向大众，在吃小龙虾之余，人们也"玩"起了小龙虾，其中小龙虾的垂钓以其趣味横生、钓技独特而逐渐被广大钓友认同，深受人们喜爱。这里就简要介绍几种常见的垂钓小龙虾的技巧：

1. 虾网钓小龙虾

钓虾网的制法：用竹片做成十字交叉的框架；然后用纱布或塑料窗纱缝成四方形捞虾网，虾网边长 50 厘米×50 厘米×10 厘米；再把虾网固定在框架上；在框架十字交叉的部位拴上一根 1 米多长的钓线，钓线上端拴一个泡沫塑料小方块，放在水中浮起，既作记号又便于提网上岸。

使用这种钓虾网，网内的中部都拴一个小石块，既可使网沉入水底，又可在提网时中间形成一个凹槽，小龙虾跑不出去。在网底中部拴上一根小线，作拴诱饵用，以防放网时诱饵漂起冲走。投放时，可选河塘浅水有草或乱石处，一次放十几个钓虾网，每个网之间相距2米左右，过10分钟左右提一次。提网的竿可用一根普通竹竿，一端缚上一个用粗铁丝弯成的钩子，对准钓虾网上的浮漂，把它捞出水面。提网时出水面以前要慢提，以免把网里的虾惊走，网出水面后要快提到岸边，以防网内虾跳出逃入水中，这样来回提网，不时检查诱饵是否脱落，随时补充。

2. 手竿钓小龙虾

用手竿钓小龙虾，对大多数钓友来说也许感到新鲜，但效果很好，操作也很简便，这里就介绍一下常用的技巧。

（1）钓具　长5.4米的软调手竿，用0.2毫米的细线做钓线，线长3米左右，用大头针弯成仅3毫米左右的小钓钩，钓线末端拴一个小坠，不用漂。

（2）钓时　春末至仲夏是最佳的垂钓时间，在每天的早晨和傍晚进行垂钓效果最好。入秋后，小龙虾会打洞繁殖，此时非常难钓，建议不要再钓，可以找洞挖虾。

（3）钓点　选择池塘或河流的浅水处、水草茂盛的地方、挺水植物多的地方等作为钓点。

（4）钓饵　用红蚯蚓或整条的大青蚯蚓作钓饵，小钩从蚯蚓上穿过，再用鱼线从青蚯蚓的中部扣牢。

（5）钓技　一根钓线上拴十几个小钩，垂钓时，将钩线抛到水里，把钓线放松，使钓钩都卧在水底，每隔2～3分钟提一次竿。因为钩小而锐利，虾吃食时，用螯夹住饵往嘴里送，就被钩住，这时轻轻往上提竿，就被钓上来，有时一次能钓上几只小龙虾。

3. 浅水点钓小龙虾

小龙虾喜欢生活在浅水处，用点钓法来钓取，简单易行，而且趣味横生，但一定要讲究技巧，否则一不小心，虾就会跑了。

（1）钓竿　钓竿的型号不限，既可以用手竿，也可以用海竿，还可以就近取材，用树枝或竹竿做一钓竿，竿长2～3米，轻柔细竿，线长1米左右，无浮标，钩后有小锡砣，最好制成朝天钩状，以便使饵凸出水底。

（2）钓时　春末至仲夏是最佳的垂钓时间。

（3）钓点　在水域的浅水处或水草茂盛的地方均可作为钓点。

（4）诱饵　可用屠宰下脚料或鸡肠、鸭肠作为诱饵，也可在水草丛中的空地中撒一点炒香的麸皮作为诱饵。

（5）钓饵　和诱饵是用同一样的。也可用蚯蚓或蛆虫、米饭粒。

（6）钓技　每到春末夏初，小龙虾会成群结队地到浅水处觅食、游动和爬行。此时，可拣个体大的，将钩饵轻轻放到其头前5～10厘米处，虾即会趋前用第一对螯足捧起啃食；如虾不动，是没发现，这时，需将钩饵轻轻提起，至离水底5～10厘米时再轻轻放下，以引起虾的注意。当虾注意到后，会立即上前，先用触须碰，再用第二对长大螯足摸，然后爬行到饵前，用第一对螯足捧起食物，慢慢啃食，这时起竿，即可钓上。由于虾个体小、嘴嫩，要用钩尖十分犀利的小钩，提竿要轻，手腕一抖，慢慢提出水面。

4. 青蛙诱钓小龙虾

（1）钓具　竹竿四五根，长 3～5 米。直径为 0.4 毫米的尼龙鱼线长 2 米，不用浮子和钩，每根钓竿扣线一根。轻型海网兜一只，绑在另一根竹竿上，竿长要与钓竿的长度相仿。

（2）钓时　春末至仲夏是最佳的垂钓时间，在每天的早晨和傍晚进行垂钓效果最好。

（3）钓点　选择水域的浅水处、水草茂盛的地方、挺水植物多的地方等作为钓点。

（4）钓饵　用几个或十几个大青蛙，小蛙也可以，剥去青蛙皮，露出雪白的蛙肉，每根鱼线上横扣半只，也可用 10 克左右重的土蛤蟆一只，剥去皮备用。用一根线拴在蛙腿上，另一端系在树枝上。

（5）钓技　下钩投饵时，可把几支钓竿的钓饵，分别投入不同地点的水草丛中，或者稳水下的石缝附近，距离不限，远近不分，饵投下后，将竿梢担在水草上，竿根搁在岸边。小龙虾爱吃动物的尸体或内脏，当它们嗅到蛙肉的腥味儿时，就会从四面八方群聚过来，它们发现爱吃的蛙肉，就挥舞着两只大钳子，纷纷前来聚餐。当它们夹住蛙肉时，钓者伸出抄网于竿梢旁，并轻轻地慢悠悠地提起钓竿，将蛙饵往水面拎。此时拽线的速度千万不能快，必须慢，否则那些团团围绕在蛙肉四周的小龙虾会察觉水流的异常，有危险降临，它们会立刻放弃食物而逃之夭夭。所以只有慢慢地将线提上来，而正在吃得津津有味的小龙虾，是绝不放松到口的美食的，它宁可让自己连同食物一起移动和上升。当钓饵接近水面一尺来深的时候，钓者就可以清楚地发现小龙虾咬着钓饵了，立即用海网兜伸入水下小龙虾的下方，连虾带饵一齐兜到岸上来。切忌把小龙虾拉出水面，因为小龙虾一到水面，马上就会发觉自己上当，松脱食物，随即逃走。所以，一定要用抄网在水面下捞取。采用这种钓法，可以多用十几根竿，轮流放钓，来回取虾。

四、小龙虾的加工

我国小龙虾的出口基本上通过加工品完成的，例如江苏是我国小龙虾加工品的主要省份，年加工小龙虾出口量6000吨左右，出口贸易额达6000万美元。我国小龙虾的加工品主要出口欧盟、美国、日本、东南亚、澳大利亚等国家和地区，其中出口欧盟的占60％以上。

目前我国的小龙虾加工品种主要有冷冻或速冻的虾仁、尾肉、整条虾、虾黄等。另外，小龙虾的深加工也不断被开发，目前主要的深加工是从虾的甲壳中提取虾青素、虾红素、甲壳素、几丁质、鞣酸及其衍生物。

五、小龙虾的饮食文化

1. 小龙虾可以放心吃

小龙虾肉味鲜美，营养丰富，可食部分达40％，对人体具有保健作用。另外，小龙虾在进入餐桌时基本上已经煮熟煮透，一些病原菌和致病生物也被高温杀死，因此是可以放心吃的。

2. 小龙虾不要生吃

这里笔者要奉劝所有的食客，所有的河鲜最好避免生吃，小龙虾也不例外。这是因为小龙虾的适应能力极强，有的是生长于污浊不堪的环境里，小鱼、小虾是它的主要食物。由于生存环境恶劣，小龙虾头部和体内容易携带寄生虫，如果不经煮熟，直接生吃，那么是非常危险的。我们在吃小龙虾时，一是要煮熟煮透，二是不宜过量食用，路边小摊兜售的香辣小龙虾更得当心。

3. 买小龙虾的要点

选小龙虾时，要掌握"三好一架势"的原则，即：雌虾比雄虾好，青壳虾比红壳虾好，个大的比个小的好；选择鲜活体健爬行有力的，在用手抓活虾时，它的双螯张开，一副与人决一雌雄的架势。

在买小龙虾时，要选择好小龙虾，一定要把小龙虾抓在手中进行"三看"，即：

一看小龙虾是清水还是浑水，看看它的背部，如果背部红亮干净，基本上就能确定不是在污水沟中生长的，然后翻开小龙虾的腹部看看它的腹部绒毛和爪上的毫毛，这几个地方如果白净整齐的话，基本上可以确定是在干净水质中养出来的。

二看皮色，老的小龙虾或红得发黑或红中带铁青色，青壮小龙虾则红得艳而不俗，有一种自然健康的光泽。

最后就是看它的甲壳，方法是用手碰碰它的壳，非常硬的是老的无疑，像指甲一样有弹性的才是刚长大才换壳的，所以要买软壳的。

4. 烹饪前的处理

新鲜的小龙虾鲜亮饱满，肉质紧，而且有一定的弹性。如果是放置了一段时间或是已经死了的小龙虾，则肉质酥软，看上去是空空的不饱满状，死亡时间久的小龙虾坚决不能吃。新鲜的小龙虾在烹饪前要将小龙虾进行科学的处理：

（1）吐污　将采购回来的小龙虾放在盆里，加好水，然后把小龙虾放在里面，先养一夜，让它自由爬行，通过自身的运动呼吸和新陈代谢吐出体内的泥土。要注意盆里的水不能加多，不能让小龙虾逃出，也不能让小龙虾在盆里堆积。

（2）剪剔　用剪刀剪去螯足后面的其他步足，同时剪去前须、嘴巴还有鳃，然后抽去肠子。在大酒店里为了保持小龙虾的鲜味和小龙虾的完整性，一般是不剪去小龙虾的须和鳃的，也不抽去肠子，而是在吃虾时扯去。

（3）排污　将剪好的小龙虾放入盆内，注入流动的活水，让小龙虾不断地吸水，冲走小龙虾体内排出的污水，一般要半个小时。

（4）洗刷　将小龙虾用毛刷一个个刷干净，特别是口、尾部和腹部要多刷几次，仔仔细细地刷掉泥沙，然后用清水冲洗干净，配上微量厨房用的洗洁精，搓洗后捞出再用流水冲洗干净，才可以用来烹饪。

（5）准备好辅料　一是准备少许切好的生姜片，剥净的蒜瓣，切成碎块的青辣椒、葱段；二是十三香小龙虾调料，按每 2 千克左右的小龙虾 50 克左右的调料准备；三是胡椒粉、花椒粉、川椒、醋、糖；四是葡萄酒或啤酒。

至于小龙虾的做法，不同的地方各有不同，据初步了解，各地小龙虾的做法不下于 30 种，虽然味道各有千秋，但小龙虾的美味却是入口难忘的，这里不再介绍。

5. 小龙虾的吃法

在南方关于"盱眙十三香小龙虾"的吃法流传着这样的顺口溜:"一盆不动口,二盆不动手,三盆才伸手,四盆五盆不想走,六盆七盆还不够,八盆九盆送朋友,想吃十盆就到盱眙走一走。"小龙虾的美味是不言而喻的;"盱眙小龙虾用盆装,热气腾腾扑鼻香,麻辣鲜嫩酥美香,余味三日无法忘。"

小龙虾的科学吃法:在吃手抓小龙虾时,首先作好准备,双手需戴一次性塑料手套,备好餐巾纸放在面前,最好围上围裙,然后开始痛痛快快地吃。有人经过专门的调查,认为小龙虾的吃法比较有讲究,形成吃文化的主要有这两种:

一是顺口溜式的吃法。

拉着你的手——戴好手套,用手抓起小龙虾,扯下大螯。

轻轻吻一口——看到色香味俱佳的小龙虾,仍不住先用舌头尝一下小龙虾的美味。

掀起红盖头——用手取虾远离面部,从头胸甲和腹甲相连的地方,剥掉小龙虾的头胸甲。

深深吸一口——去掉虾胃,深深吸吮,吃掉金灿灿的虾黄。

解开红肚兜——吃了头部鲜美的虾黄后,将目标转移到小龙虾肉最多的地方,用力撕开小龙虾的腹节。

拉下红裤头——将小龙虾的尾节、尾肢拽掉,这时可以看到一根虾肠顺着尾节被拉出来,如果肠子没有出来,必须将虾肉剥开,去掉肠子后才能吃肉。

让你吃个够——就这样一只只地品尝,一大盆的小龙虾会让你过上一把吃小龙虾的瘾。

二是动作形象的吃法。

看——通过看虾炸好后的形状，如果尾部蜷曲，说明虾入锅前是活的，如果尾部是直的，那说明虾入锅前多数已经死掉。

嗅——看到鲜美的小龙虾，忍不住凑上去闻一闻小龙虾的味道。

舔——用舌头轻轻地舔一下，先感受一下小龙虾麻、辣、香的滋味。

揭——戴上手套，掀开小龙虾的头胸甲。

吮——除去虾胃，轻轻吸吮鲜美的虾黄。

拧——左右开弓，两手齐用，一只向外，一只向上，扯下大螯吃掉里面的肉，再除去步足。

捏——用两只手向外轻轻地捏几下，目的是捏软小龙虾的腹节，有利于腹部的肉和壳脱离。

剥——将小龙虾上半部的腹节轻轻剥去。

拽——用力拽去小龙虾的尾部，抽去小龙虾的肠子。

撕——如果抽不去肠子，那么撕开肉，拿出肠子。

吃——先把虾肉轻轻咬一下，如果咬时肉不发软，非常"有嚼头"，同时有汁流出，就是熟的；或者观察被咬开的横截面颜色是否一致，一致则熟。

6. 十三香小龙虾调料

随着盱眙十三香小龙虾的闻名于市，十三香小龙虾调料也随之闻名。香料是小龙虾调料的主要成分，成为小龙虾席上的主要佐料。每家小龙虾店都有其秘不外传的调料配方，这决定了其小龙虾口味的独特性。据了解，"十三香小龙虾调料"并不是指这种小龙虾调料仅仅包括十三味中药，而是一个统称，是一种约定俗成的习惯叫法，它实质上包含了十几种甚至三十几种的中草药，这些调料包括甘草、天麻、丁香、干姜、木香、山奈、肉桂、香叶、八角、陈皮、甘松、孜然、辛夷、白芷、枸杞子、阳春砂、大枣、草蔻、豆蔻、山楂、胡椒、花椒、肉蔻、紫苏、小茴香、薄荷、当归、草果、荜茇、香砂、千年健、五加皮、罗汉果、当参、杜仲、莨姜等。

根据不同的口味，十三香小龙虾调料可以分为以下几种类型：

（1）辛温型　这是最基本的调料型，通常也称为母料，它以五香为主要调料。在众多的调料中，八角、肉桂、小茴香、花椒、丁香称五香，适用范围广泛，适合大众口味。一般市场上销售的五香粉都是以小茴、碎桂皮为主，八角、丁香很少，所以没有味道，真正制作起来，应该以八角、丁香为主，其他的为辅才行。

（2）麻辣型　在五香的基础上加青川椒、荜茇、胡椒、豆蔻、干姜、草果、莨姜等，在烧制当中，要投入适当的辣椒，以达到有辣、麻的口感。辣椒和花椒可用热油炒，达到香的感觉，也有磨成粉状，也有全部投进锅中煮水用。

（3）浓香型　在一般材料的基础上加香砂、肉蔻、豆蔻、辛夷、进口香叶，制成特有的香味。

（4）怪味型　草果、草蔻、肉蔻、木香、山奈、青川椒、千年健、五加皮、杜仲另加五香以煮水，这种口味给人以清新的感觉。

（5）滋补型　如天麻、罗汉果、当参、当归、肉桂作为辅料，可壮阳补肾、益气补中，增强人体的免疫力。

参 考 文 献

[1] 但丽，张世萍，羊茜，朱艳芳. 克氏原螯虾食性和摄食活动的研究. 湖北农业科学，2007，(03)：174-177.

[2] 李文杰. 值得重视的淡水渔业对象——螯虾. 水产养殖，1990，(1)：19-20.

[3] 潘建林，宋胜磊等. 五氯酚钠对克氏原螯虾急性毒性试验. 农业环境科学学报，2005，24 (1)：60-63.

[4] 费志良，宋胜磊等. 克氏原螯虾含肉率及蜕皮周期中微量元素分析. 水产科学，2005，24 (10)：8-11.

[5] 舒新亚，叶奕住. 淡水螯虾的养殖现状及发展前景. 水产科技情报，1989，(2)：45-46.

[6] 魏青山. 武汉地区克氏原螯虾的生物学研究. 华中农学院学报，1985，4 (1)：16-24.

[7] 唐建清，宋胜磊等. 克氏原螯虾对几种人工洞穴的选择性. 水产科学，2004，23 (5)：26-28.

[8] 唐建清，宋胜磊等. 克氏原螯虾种群生长模型及生态参数研究. 南京师大学报：自然科学版，2003，26 (1)：96-100.

[9] 郭晓鸣，朱松泉. 克氏原螯虾幼体发育的初步研究. 动物学报，1997，43 (4)：372-381.

[10] 张湘昭，张弘. 克氏螯虾的开发前景与养殖技术. 中国水产，2001，(1)：37-38.

[11] 王汝娟，黄寅墨等. 克氏螯虾与中国对虾微量元素与氨基酸的比较. 中国海洋药物，1996，59 (3)：20-22.

[12] 唐建清等. 淡水虾规模养殖关键技术. 南京：江苏科学技术出版社，2002.

[13] 舒新亚，龚珞军. 淡水小龙虾健康养殖实用技术，北京：中国农业出版社，2006.

[14] 夏爱军. 小龙虾养殖技术. 北京：中国农业大学出版社，2007.

[15] 占家智，羊茜. 施肥养鱼技术. 北京：中国农业出版社，2002.

[16] 占家智，羊茜. 水产活饵料培育新技术. 北京：金盾出版社，2002.

[17] 羊茜，占家智. 图说稻田养小龙虾关键技术. 北京：金盾出版社，2010.

[18] 李继勋. 淡水虾繁育与养殖技术. 北京：金盾出版社，2000.

［19］ 沈嘉瑞，刘瑞玉. 我国的虾蟹. 北京：科学出版社，1976.

［20］ 徐在宽. 淡水虾无公害养殖. 北京：科学技术文献出版社，2000.

［21］ 谢文星，罗继伦. 淡水经济虾养殖新技术. 北京：中国农业出版社，2001.

［22］ Comeaux M L. Histonical development of the crayfish industry in the United States. Freshwater Crayfish，1975，2：609-620

［23］ Sandiff P A. Aquaculture in the west a perspective. Journal of the World Aquaculture Society，1988，19：73-84.

［24］ Jay V Huner and E Evan Brown. Crustacean and Mollusk Aquaculture in the United States AVI Publishing Company，Inc. 1985.

［25］ Longlois T H. Notes on the habits of the crayfish，Cambarus rusticus Girad，in fish ponds in Ohio. Transactions of the American Fisheries Sociery，1935，65：189-192.

［26］ Laurie Piper. Porential for Expansion of the Freshwater Crayfish Industry in Australis，2000.

［27］ Shu xinya. Effect of the Crayfish Procambarus Clarkii on the Survival Cultivated in Chian. Freshwater Crayfish，1995，8：528-532.

欢迎订阅《水产致富技术丛书》

书　　名	书　　号	定价
小龙虾高效养殖技术	978-7-122-13163-8	23
淡水鱼高效养殖技术	978-7-122-13162-1	23
河蟹高效养殖技术	978-7-122-13138-6	18
龟鳖高效养殖技术	即将出版	
水蛭高效养殖技术	即将出版	
黄鳝高效养殖技术	即将出版	
福寿螺田螺高效养殖技术	即将出版	
泥鳅高效养殖技术	即将出版	
对虾高效养殖技术	即将出版	

《家庭养殖致富丛书》

家庭高效肉牛生产技术	978-7-122-10687-2	19.9
家庭肉鸡规模养殖技术	978-7-122-10803-6	19.8
家庭高效蛋鸡生产技术	978-7-122-10895-1	19.8
家庭肉鸭规模养殖技术	978-7-122-11276-7	18
猪规模化高效生产技术	978-7-122-12439-5	23
獭兔规模化高效养殖技术	978-7-122-12558-3	19.8

如需以上图书的内容简介，详细目录以及更多的科技图书信息，请登录 www.cip.com.cn。

邮购地址：(100011) 北京市东城区青年湖南街 13 号　化学工业出版社

服务电话：010-64518888，64518800（销售中心）；如要出版新著，请与编辑联系：010-64519351